LE VIGNOLE

DE POCHE.

Même Librairie.

ŒUVRE DE FLAXMAN. 268 planches gravées par Réveil, accompagnées d'une notice sur la vie de ce célèbre artiste, et d'une analyse de la *Divine Comédie* de Dante. 8 livraisons format in-4°, 26 francs. Chaque partie séparément :

Iliade d'Homère, 40 planches, 4 fr.; — *Odyssée*, 35 planches, 4 fr.; — *Tragédies* d'Eschyle, 31 planches, 3 fr. 50 c.; — *Enfer* de Dante, 39 planches, 4 fr.; — *Purgatoire*, 38 planches, 4 fr.; — *Paradis*, 34 planches, 4 fr.; — *Œuvre des jours et Théogonie* d'Hésiode, 37 planches, 5 fr.; — Statues et bas-reliefs, 14 planches, 2 fr. 50 c.

PARIS, TYPOGRAPHIE DE HENRI PLON, IMPRIMEUR DE L'EMPEREUR,
Rue Garancière, 8.

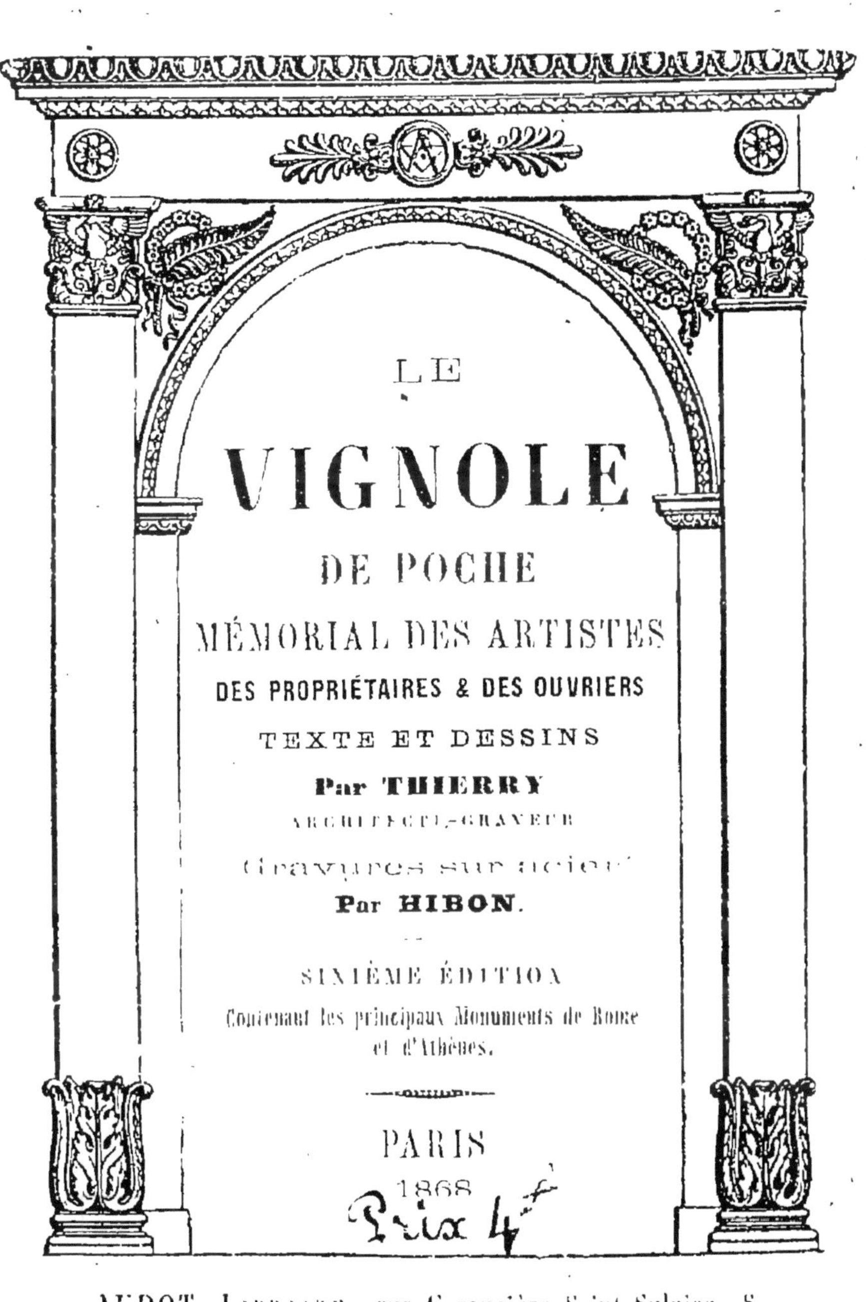

AUDOT, Libraire, rue Garancière-Saint-Sulpice, 8.

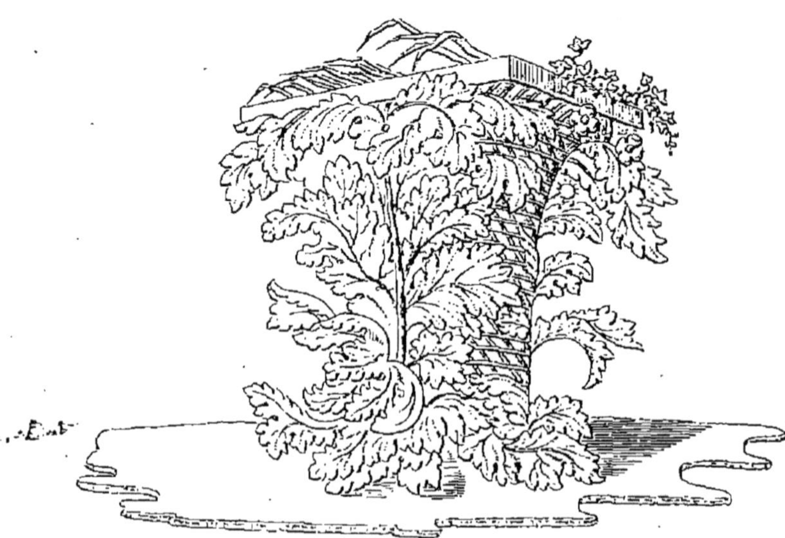

Origine du Chapiteau Corinthien.

Construction primitive d'où les Ordres tirent leur origine.

LE
VIGNOLE DE POCHE

MÉMORIAL DES ARTISTES

DES PROPRIÉTAIRES ET DES OUVRIERS

TEXTE ET DESSINS PAR THIERRY

ARCHITECTE-GRAVEUR

GRAVURES SUR ACIER

PAR HIBON

SIXIÈME ÉDITION

**Contenant les principaux monuments de Rome
et d'Athènes.**

PARIS

AUDOT, LIBRAIRE

RUE GARANCIÈRE-SAINT-SULPICE, 8.

—

1868
1867

DES ORDRES

D'ARCHITECTURE.

Ce furent vraisemblablement les troncs d'arbres qui soutenaient les toits des anciens bâtimens qui fournirent la pensée des premières colonnes de pierre et de marbre dont on les décora par la suite, et non la proportion humaine, comme quelques auteurs l'ont prétendu. En effet quelle relation une colonne peut-elle avoir véritablement avec la structure de l'homme ? La tête et les pieds ont-ils un rapport avec le chapiteau et la base ? Les hanches et les autres parties du corps ont-elles quelque correspondance avec son fût ! Il est au contraire plus naturel de penser que les arbres seuls ont suggéré l'ordonnance générale des colonnes : le tronc de l'arbre qui va en diminuant du bas en haut a donné l'idée du fût; l'étêtement de la naissance des branches à l'extrémité du tronc, faisant un enfourchement où il reste quelquefois des feuilles, a fait naître la pensée du chapiteau. De plus, les racines qui forment souvent au pied des arbres une espèce de bourrelet ou d'empatement ont produit la représentation des bases.

Les entablemens tirent de même leur origine de la construction des planchers et des toits : les architraves représentent les pièces de bois horizontales qu'on mettait d'un pilier à l'autre pour soutenir le plancher; la frise exprime l'épaisseur du plancher et le bout des solives qui le composaient : enfin, la corniche n'est qu'une représentation de la saillie que l'on donnait à l'extrémité des pièces de bois inclinées qui formaient le toit, afin de faciliter l'écoulement des eaux, sans faire tort au bâtiment (*).

Les Égyptiens, qui se servirent les premiers de colonnes, les firent d'abord très-matérielles et beaucoup plus grosses qu'il ne fallait, par rapport à leur élévation, ainsi qu'on le remarque dans les ruines de leurs plus anciens édifices. Ce furent les Grecs qui commencèrent à leur donner une grosseur relative à leur hauteur et au poids qu'elles devaient porter ; en conséquence ils différencièrent la proportion en solide, moyenne et délicate, et établirent trois genres de colonnes en rapport avec ces diverses manières, lesquelles ont retenu les noms des localités où elles ont été inventées.

Cette nouveauté heureuse ayant été universellement applaudie, ces peuples, à force d'études et de combinaisons, parvinrent à trouver des proportions agréables pour les diverses ordonnances d'architecture, relativement aux caractères de solidité, d'élégance et de légèreté qu'ils avaient institués. Le beau une fois trouvé, on examina comment il parvenait à opérer son effet : on approfondit, par voie de comparaison, pour quelles raisons certaines proportions produisaient un aspect plus satisfaisant que d'autres, pourquoi l'on en voyait qui plaisaient généralement, tandis qu'il y en avait qui semblaient blesser les yeux. De ces parallèles et de ces observations sont résultées les premières règles que l'on s'est appliqué depuis à développer.

(*) Patte, *Mémoires sur l'Architecture.*

Moulures et composition des ordres.

Un ordre parfait se compose de trois parties principales : le piédestal, la colonne et l'entablement.

Le piédestal se divise en trois parties : la base, le dé et la corniche.

La colonne se divise de même en trois parties : la base, le fût et le chapiteau.

L'entablement se divise aussi en trois parties : l'architrave, la frise et la corniche.

Ces subdivisions sont elles-mêmes composées de parties différentes, en figures, en saillie et en hauteur, qu'on nomme *moulures*.

Les diverses figures de la planche 1re représentent les principales moulures qui sont le plus en usage dans l'architecture ; on a indiqué par des traits ponctués les lignes de construction de ces moulures; ces lignes de construction, ordinairement tracées au crayon, doivent être soigneusement effacées lorsque le dessin est terminé.

Le *filet*, fig. 7, appelé aussi *réglet*, la *baguette*, fig. 8, et le *congé*, fig. 9, sont des moulures que l'on conçoit facilement, sans qu'il soit nécessaire d'en donner l'explication. On y reconnaît évidemment des horizontales $a\,b\,c\,d$, $a'\,b'\,c'\,d'$; des verticales $b\,d\,e\,f\,g\,h$, et des portions de cercle $b'\,d'\,f'\,g'$, dont les lignes ponctuées indiquent les centres o, o'.

Le *listel* est une petite moulure carrée qui en accompagne une autre plus grosse.

Le *tore*, fig. 1re, est une grosse moulure nommée aussi *rond*, *boudin* ou *bozel*, et qui s'emploie particulièrement à la base des colonnes; il est engendré par un demi-cercle dont le diamètre $m\,n$ est vertical.

Le *quart de rond* en *échine droite*, fig. 2, ou renversé, fig. 3, est formé par un quart de cercle dont le **centre** est au point *p*.

Le *talon droit*, fig. 4, ou renversé, fig. 5, est dessiné ici avec ses *filets*. Il est formé de deux arcs de cercle *a d b, a' d' b'*, unis bout à bout. Pour former cette moulure on mène la ligne *b b'* qu'on divise en deux parties égales au point *a*; de ce point pour centre, et *a b* ou *a b'* pour rayon, on décrit deux arcs de cercle, l'un en dessus, et l'autre en dessous de la ligne *b b'*. Ensuite, et avec la même ouverture de compas, on décrit, de chacun des points *b* et *b'* pour centre, d'autres arcs de cercle qui se croisent aux points *c* et *c'*. Enfin, de ces derniers points pour centre, et avec la même ouverture de compas, on décrit successivement les arcs *a b d a b' d'* qui forment le talon droit. C'est par une opération analogue que l'on obtient le talon renversé.

La *doucine* ou *queule*, fig. 6, appelée aussi *cimaise* lorsqu'elle termine une corniche, se construit comme la moulure précédente; ce n'est en quelque sorte qu'un talon dont la concavité est changée en convexité, et réciproquement.

Enfin la *scotie*, fig. 10, qu'on nomme quelquefois *trochile* ou *nacelle*, est une moulure dont on fait grand usage. Elle sert à lier d'une manière agréable les tores des bases des colonnes. Plusieurs auteurs ont donné diverses méthodes pour la tracer; voici celle qui paraît la meilleure.

Ayant abaissé la perpendiculaire B *b*, on prendra sur cette ligne un point C, tel que CB soit le tiers de B*b*, et l'on décrira le quart de cercle FB; on mène la ligne FC, qu'on prolonge d'un quart en G. De ce point pour centre on décrira l'arc FK, moitié de FC. Par le point K et le point G, on mène une ligne qu'on prolonge d'une quantité IG égale au tiers de KG. Par le point E, on mène la ver-

ticale EQ sur laquelle on porte la distance IK au point **L.**
On joint le point L et le point I par une droite sur le milieu
de laquelle on élève une perpendiculaire qui coupe la **ligne**
EQ au point Q. On mène la ligne QIM, et du point I **pour**
centre on décrit l'arc KM, et enfin du point Q aussi **pour**
centre on décrit l'arc ME qui termine la courbe **de la**
scotie.

Ces diverses moulures sont décorées quelquefois d'ornemens particuliers dont la planche 1re fait connaître les
principaux.

Les *postes* ou *entrelas*, fig. 11, s'emploient indifférem-
ment sur les surfaces planes ou courbes.

Les *guillochis*, fig. 12, sont principalement affectés aux
surfaces planes.

Les *oves*, fig. 13, ne décorent que les quarts de rond.

Et les *patenotres* ou *perles*, fig 14, ne s'emploient que sur
les baguettes.

On nomme profil un assemblage quelconque de mou-
lures. L'art de profiler avec pureté et simplicité est une **des**
parties les plus difficiles de l'art d'embellir les monumens.
On doit grouper les moulures par masses que l'œil puisse
aisément saisir; et pour cela il faut opposer les moulures
les plus déliées aux plus volumineuses, et les formes **droites**
aux formes courbes. Pour acquérir cet art, il faut s'exercer
à tracer à la main un grand nombre de profils, et les indi-
quer avec sentiment.

DÉNOMINATION DES ORDRES.

L'architecte *Vitruve,* qui vivait du temps d'Auguste, et,
d'après lui, les professeurs d'architecture ont admis cinq
ordres, savoir : le *Toscan,* le *Dorique,* l'*Ionique,* le *Corinthien* et le *Composite.*

Le Toscan se connaît par la simplicité de ses membres.

Le Dorique, par les triglyphes qui ornent la frise de son entablement.

L'Ionique, par les volutes du chapiteau de sa colonne.

Le Corinthien, par les feuilles du chapiteau de sa colonne.

Le Composite, par les feuilles du Corinthien réunies aux volutes de l'Ionique, qui ornent le chapiteau de sa colonne.

La planche 2ᵉ représente les cinq ordres sur une même hauteur.

Cette hauteur étant donnée, on la divise en dix-neuf parties égales : on en donne quatre au piédestal, douze à la colonne, et trois à l'entablement, c'est-à-dire que le piédestal est le tiers de la colonne, et l'entablement le quart : telles sont les proportions que Vignole leur a données, d'après les observations qu'il a faites scrupuleusement dans les plus beaux édifices antiques, et qui ont presque toujours été suivies depuis par les plus habiles architectes.

La hauteur de la colonne fixée, lorsqu'on a déterminé l'ordre qu'on veut élever, si c'est l'ordre Toscan, il faut diviser cette hauteur en sept parties égales; si c'est l'ordre Dorique, en huit; si c'est l'ordre Ionique, en neuf; et enfin si c'est l'ordre Corinthien ou Composite, en dix; et chacune de ces sept, huit, neuf ou dix parties égales fera le diamètre de l'ordre que l'on veut élever.

Le diamètre ayant été déterminé, il faut le diviser en deux parties égales, dont chacune sera ce qu'on appelle le *module* ou unité de l'échelle du dessin dont on s'occupe. Le module se divise, pour les deux premiers ordres, en douze parties ou minutes; et pour les trois autres, en dix-huit parties pour éviter les fractions.

Le système de diminution de la colonne le plus généralement adopté est celui qui commence au tiers inférieur du fût entre base et chapiteau.

Pour tracer convenablement un ordre, on fera bien de commencer par déterminer les principales hauteurs; on portera ensuite les saillies, afin de pouvoir profiler chaque ordre suivant les dimensions adoptées, et que nous allons détailler séparément.

Ordre toscan. *Planches 3 et 4.*

Cet ordre doit son origine à des anciens peuples de Lydie, venus d'Asie en Italie pour peupler la Toscane. Tous les membres de cet ordre portent un caractère de rusticité. Sa colonne a de hauteur sept fois son diamètre. On en conclut, comme nous l'avons dit précédemment, le module qui doit former l'échelle à l'aide de laquelle l'ordre est tracé: et, comme il est le plus facile de tous, nous joindrons à la table des membres et moulures qui le composent une description particulière de la planche correspondante.

MEMBRES DE MOULURES QUI COMPOSENT L'ORDRE.	HAUTEURS.	SAILLIES À PARTIR DE L'AXE.
ENTABLEMENT.		
Amortissem. | revers d'eau.	2 p.	27 1/2 p.
Corniches A. 16 parties. — Cimaise supér. : quart de rond. .	4	27 1/2
baguette. .	1	24
filet. . . .	1/2	23 1/2
larmier : congé. . .	1	22 1/2
larmier. .	5	22 1/2
canal. . .	1	21 1/2
mouchett.	1/2	19 1/2
filet. . . .	1/2	14
Cimaise infér. : talon. . .	4	13 1/2
Frise B. 14 p.	14	9 1/2
Archit. C. 12 p. : filet . . . . . | listel . . .	2	11 1/2
plate-bande : congé. . .	2	9 1/2
face. . . .	8	9 1/2

La hauteur du canal est prise sur le larmier, et celle de la mouchette dans la hauteur du filet.

MEMBRES DE MOULURES QUI COMPOSENT L'ORDRE.	HAUTEURS.	SAILLIES À PARTIR DE L'AXE.
COLONNE.		
Chapiteau D. 12 parties. — tailloir : filet. . . .	1	14 1/2 p.
congé. . .	1	13 1/2
larmier. .	2	13 1/2
cimaise : quart de rond. .	3	13 1/4
filet. . .	1	10 1/2
congé. . .	1	9 1/2
gorgerin	3	9 1/2
Fût. 12 modul. — astragale : baguette .	1	11
filet. . . .	1/2	10 1/2
congé. . .	1	9 1/2
fût. . . . . : fût. . . .	11 m. 8 p.	9 1/2
congé. . .	1 1/2	12
Base E. 12 p. : filet. . . .	1	13 1/2
tore. . . .	5	16 1/2
socle. . .	6	16 1/2
PIÉDESTAL.		
Corn. G. 6 p. — cimaises : listel. . .	2	20 1/2
talon. . .	4	20
Dé. F. 44 p. : socle. . .	3 m. 6 p.	16 1/2
congé. . .	2	16 1/2
Base. 6 p. : filet. . . .	1	18 1/2
socle. . .	5	20 1/2

Après avoir construit l'échelle des modules de manière que la hauteur totale de l'ordre puisse être renfermée dans le papier qu'on emploie, on tracera la base du piédestal, planche 2 : sur le milieu de cette base on élèvera une perpendiculaire formant l'axe de la colonne. On tirera ensuite des parallèles à la base, suivant les dimensions en hauteur indiquées au tableau précédent, en observant que pour opérer plus juste il vaut mieux ajouter aux précédentes dimensions, que de les prendre l'une après l'autre sur l'échelle.

Ainsi, l'on portera de part et d'autre au-dessus de la ligne de base 4 mod. 8 p. avec le compas, pour obtenir le dessus du piédestal; 5 mod. 8 p. pour le dessus du filet de la base de la colonne. 17 mod. 8 p. pour le dessus de l'astragale de la colonne; 18 mod. 8 p. pour le dessus du chapiteau; enfin, 22 mod. 2 p. pour le dessus de la corniche de l'entablement.

Ces principales divisions une fois déterminées, on trouvera facilement les subdivisions de chaque partie à l'aide du tableau. Cela fait, il ne reste plus qu'à fixer les saillies. Elles sont indiquées sur le même tableau, à partir de l'axe, et sur la planche n° 3 de détails, à partir du nu de l'entablement.

Les profils qui en résultent doivent toujours se faire des deux côtés en même temps, par la raison qu'une même ouverture de compas portée partout où elle est la même est beaucoup plus juste que prise à différentes fois. La même planche n° 3 donne le tracé des différentes moulures qui entrent dans la composition des membres de l'ordre.

ORDRE DORIQUE. *Planches 5, 6 et 7.*

L'ordre Dorique porte avec lui un caractère viril : c'est l'ordre par excellence et celui des héros.

Le bout des solives posées de champ pour former le plancher des premiers édifices est représenté par les triglyphes dont l'intervalle de l'un à l'autre, figuré par les métopes actuels, formait un carré parfait. Le bout de ces solives coupées et mises en place presque en même temps rendait une eau qui formait des écoulemens représentés par les canaux de ces triglyphes, et qui se répandait à l'extrémité goutte à goutte, ce que figurent encore les gouttes au-dessous de ces mêmes triglyphes.

L'entablement dorique est de deux sortes, l'une appelée mutulaire, l'autre denticulaire.

Le premier est tiré des antiquités romaines ; il est orné de mutules, espèces de larmiers saillans qui servent de couronnement aux *triglyphes*.

La frise comprend les triglyphes d'un module de largeur, subdivisés de demi-canaux et de canaux entiers ; ils doivent être placés à plomb des colonnes, et être éloignés l'un de l'autre d'un intervalle appelé *métope*, égal à la hauteur de la frise.

Le fût de la colonne est quelquefois orné de cannelures ou portions circulaires creusées dans sa masse au nombre de vingt, se touchant l'une l'autre et formant vives arêtes.

Le deuxième entablement dorique, appelé *denticulaire* parce que sa corniche est ornée de denticules, est tiré du théâtre de Marcellus à Rome ; il diffère du précédent par son architrave, qui n'a qu'une seule plate-bande, et par sa corniche, dont la cimaise inférieure porte un talon au lieu de quart de rond ; le premier larmier des denticules et la cimaise supérieure ont un cavet au lieu de doucine.

Planche 6. Entablement dorique mutulaire.

MEMBRES DE MOULURES QUI COMPOSENT L'ORDRE.	HAUTEURS.		SAILLIES A PARTIR DE L'AXE.	
	p.		p.	
A. Corniche. 18 parties. filet de couronnement.	1		34	
doucine.	3		31	
filet.		1/2	31	
talon	1		30	3/4
larmier	3	1/2	30	
talon	1		29	1/2
mutule	3		28	1/2
canal.		1/2	28	
goutte du mutule.		1/2	26	
quart de rond.	2		13	1/2
filet.		1/2	11	1/2
chapiteau du triglyphe.	2		11	

MEMBRES DE MOULURES QUI COMPOSENT L'ORDRE.	HAUTEURS.		SAILLIES A PARTIR DE L'AXE.	
	p.		p.	
B. Frise. 18 p. triglyphe.	18		10	1/2
métope.	18		10	
C. Architr. 12 p. listel.	2		12	
chapiteau des gouttes.		1/2	11	1/2
gouttes.	1	1/2	11	1/2
première plate-bande.	6		10	1/2
2e plate-bande ou face.	4		10	

D. Plan d'un triglyphe sur une échelle double.
E. Plan des gouttes rondes et carrées.
F. Elévation d'un triglyphe et des gouttes.

Nous avons réuni sur la planche 8 les détails de l'ordre Dorique avec entablement denticulaire; ils sont compris dans le tableau suivant.

MEMBRES DE MOULURES QUI COMPOSENT L'ORDRE.	HAUTEURS.		SAILLIES A PARTIR DE L'AXE.	
		p.		p.
ENTABLEMENT.				
A. Corniche. 18 parties. filet de couronnement.	1		34	
cavet.	3		31	
filet.		1/2	26	
talon	1	1/2	30	
larmier.	4		28	1/2
canal ou verseau.		1/2	27	1/2
filet.		1/2	25	
goutte sous le larmier.		1/2	24	1/2
denticule.	3		15	
filet.		1/2	13	
talon.	2		12	1/2
chapiteau du triglyphe.	2		11	
B. Frise. 18 p. triglyphe	18		10	1/2
métope.	18		10	
C. Architrave. 10 parties. listel.	2		11	1/2
chapiteau des gouttes.		1/2	11	
gouttes.	1	1/2	11	
face	10		10	

MEMBRES DE MOULURES QUI COMPOSENT L'ORDRE.	HAUTEURS.		SAILLIES A PARTIR DE L'AXE.	
		p.		p.
COLONNE.				
D. Chapiteau. 12 parties. listel.		1/2	15	1/2
talon.	1		15	1/4
tailloir.	2	1/2	14	
quart de rond.	2	1/2	13	3/4
trois filets.	1	1/2	11	1/2
gorgerin	4		10	
astragale.. baguette.	1		12	
astragale.. filet.		1/2	11	1/2
astragale.. congé.	1	1/2	10	
FUT DE LA COLONNE. 14 MOD.	»		10	
E. Base. 12 parties. congé.	2		12	
filet.		2/3	14	
baguette.	1	1/3	14	3/4
tore.	4		17	
socle.	6		17	
PIÉDESTAL.				
F. Corniche. 6 parties. listel		1/2	23	
quart de rond.	1		22	3/4
filet.		1/2	21	3/4
larmier.	2	1/2	21	
talon	1	1/2	18	1/2
DÉ DU PIÉDESTAL. 4 MOD.	»		17	
G. Base. 10 parties. congé.	1		17	
filet.		1/2	17	
baguette.	1		18	3/4
talon renversé.	2		19	
deuxième socle.	2	1/2	21	
premier socle.	4		21	1/2

Ordre Ionique. *Planches 9, 10 et 11.*

Cet ordre est ainsi nommé d'Ion, chef d'une colonie envoyée en Asie par les Athéniens, qui fit élever à Ephèse, l'une des treize grandes villes de Carie, trois temples de cet ordre, l'un à Diane, un à Apollon, et l'autre à Bacchus.

On l'appelle moyen, comme intermédiaire entre le Dorique et le Corinthien. Il est tiré des thermes de Dioclétien.

Les volutes de son chapiteau prirent naissance d'une écorce que l'on plaçait quelquefois entre l'extrémité supérieure de l'arbre et la tuile qui le couvrait pour le préserver de sa fraîcheur, et qui par la suite se tournait en forme de spirale ou volute.

Selon d'autres, le chapiteau fut composé à l'imitation des cheveux des femmes grecques, dont les boucles se tournaient en volute, ce qui leur fit dédier cet ordre.

Le tableau suivant comprend les différentes mesures des détails.

MEMBRES DE MOULURES QUI COMPOSENT L'ORDRE.	HAUTEURS.		SAILLIES À PARTIR DE L'AXE.	
ENTABLEMENT.	p.		p.	
A. Corniche. 31 parties 1/2. — filet de couronnement.	1	1/2	46	
doucine ou cimaise supérieure	5		n	
filet		1/2	41	
talon	2		40	1/2
larmier	6		38	1/2
filet en refouillement.	1		29	1/4
quart de rond	4		28	1/4
baguette	1		25	
filet		1/2	24	1/2
cordon des denticules.	1	1/2	21	
denticules	6		24	
filet	1		20	
talon ou cimaise infér.	4		19	1/2
B. Frise	27		15	
C. Architr. D. 22 p. 1/2. — listel	1	1/2	20	
talon	3		19	2/3
première face	7	1/2	17	
deuxième face	6		16	
troisième face	4	1/2	15	
chapiteau vu de côté	19		20	
ou par le coussinet	16		17	1/2

Les cannelures de la colonne de cet ordre sont
séparées par un listel.

MEMBRES DE MOULURES QUI COMPOSENT L'ORDRE.	HAUTEURS.		SAILLIES À PARTIR DE L'AXE.	
COLONNE.	p.		p.	
E. Chapit. 17 p. — filet	1		20	
talon	2		19	1/2
listel	1		17	1/2
canal de la volute	3		17	
quart de rond	5		22	
astragale... baguette	2		18	
astragale... filet	1		17	
astragale... congé	2		15	
Fût de la colonne. 16 m. 1 p.	6		15	
F. Base. 18 parties. — congé	2		18	
filet	1	1/2	20	
tore	5		22	1/2
filet		1/4	20	1/2
scotie	2		20	
filet		1/4	22	
deux baguettes	2		22	1/2
filet		1/4	22	
scotie	2		21	
filet		1/4	24	
socle	6		25	
PIÉDESTAL.				
G. Corniche. 10 p. — filet		2/3	35	
talon	1	1/3	34	3/4
larmier	3		33	1/2
refouillement du larmier		1/2	30	
quart de rond	3		29	1/2
baguette	1		27	
filet	1		26	1/4
congé	1	1/4	25	
Dé du piédestal. 4 mod.	12	3/4	1 m. 7	
H. Base. 10 p. — congé	2		25	
filet	1		27	
baguette	1	1/3	28	
talon renversé	3		27	1/2
filet		2/3	31	2/3
socle	4		33	

Tracé de la volute ionique. Planche 11.

Après avoir tracé les moulures du chapiteau, on établira l'œil de la volute sur l'horizontale E, à la rencontre de la verticale D; puis on décrira de ce centre un cercle d'une partie de rayon, dont le diamètre vertical se nomme *cathète*, et forme la diagonale d'un carré dont on partagera les côtés en deux parties égales. On tirera par ces points de subdivisions les axes 1, 3 et 2, 4, qui seront divisés chacun en six parties égales : chacun de ces points sera l'un des centres qui servira à décrire le trait extérieur de la volute.

En mettant la pointe du compas sur le point 1, on tracera, avec une ouverture qui s'étendra jusqu'à D, le quart de cercle DA.

On se reportera au point 2, et ainsi de suite, suivant l'indication de la figure 1, planche 10.

Pour avoir les centres du trait extérieur de la volute, on divisera en quatre parties les divisions qui ont servi au premier trait. La première subdivision au-dessous de chacun des premiers points servira de centre à l'intérieur du listel.

La hauteur totale de la volute est de seize parties du module, dont neuf au-dessus de l'horizontale E, et sept au-dessous. (*Planche 11.*)

Ordre Corinthien. *Planches 12, 13 et 14.*

L'ordre Corinthien porte avec lui un caractère de délicatesse et d'élégance; toutes ses parties sont susceptibles de la plus grande richesse; sa colonne a de hauteur dix fois son diamètre.

Vitruve rapporte qu'une jeune fille de Corinthe étant morte à la veille de se marier, sa nourrice plaça sur son tombeau une corbeille remplie de petits vases et autres bijoux qu'elle avait aimés pendant sa vie, et les couvrit d'une tuile pour les préserver des injures de l'air. Il arriva qu'au printemps, lorsque les feuilles commencèrent à pousser, la corbeille se trouva environnée des feuilles d'une plante d'acanthe sur laquelle elle avait été posée par hasard : ces feuilles, rencontrant la tuile, s'étaient recourbées à leurs extrémités. Callimaque, sculpteur, passant près de là, vit la corbeille et les feuilles qui l'environnaient : il en fit un dessin qu'il imita avec art dans les colonnes qu'il fit élever depuis à Corinthe.

Le tableau suivant donne les détails de chaque partie de l'ordre.

MEMBRES DE MOULURES QUI COMPOSENT L'ORDRE.	HAUTEURS.	SAILLIES A PARTIR DE L'AXE.
ENTABLEMENT.	p.	p.
A. Corniche. 36 parties. — filet de couronnement.	1	53
doucine.	5	53
filet.	1/2	48
talon.	1 1/2	45 1/2
larmier.	5	46
talon.	1 1/2	45 1/2
modillon	6	44 1/2
filet.	1/2	28 1/2
quart de rond.	4	28
baguette.	1	25
filet.	1/2	24 1/2
denticules.	6	24
filet.	1/2	20
congé.	3	19 2/3
R. Frise. 27 parties. — baguette.	1	16 3/4
filet.	1/2	16 1/4
talon	1 1/4	15
G. Architrave. 27 parties. — filet.	1	20
talon	4	19 2/3
baguette.	1	17
première face.	7	16 1/2
talon	2	16 1/3
deuxième face.	6	15 1/2
baguette	1	15 1/2
troisième face.	5	15

Les cannelures de la colonne de cet ordre
sont séparées par un listel.

MEMBRES DE MOULURES QUI COMPOSENT L'ORDRE.	HAUTEURS.	SAILLIES A PARTIR DE L'AXE.
COLONNE.	p.	p.
E. Base de la colonne. 18 parties. — Fût. 16 mod.	12	18
congé.	2	20
filet.	1 1/2	21 5/8
tore.	3	22
filet.	1/4	20 1/2
scotie.	1 1/2	20
filet.	1/4	21 3/8
deux baguettes.	1	22
filet.	1/4	21 5/8
scotie.	1 1/2	21 1/8
filet.	1/4	23
tore.	4	25
socle.	6	25
PIÉDESTAL.		
F. Corniche. 14 parties 1/4. — filet.	2/3	33 1/2
talon.	1 1/3	38 1/4
larmier.	3	32
gorge.	1 1/4	30 3/4
baguette.	1	26 1/2
filet.	3/4	25 3/4
frise.	5	25
baguette.	1 1/4	26 7/8
Dé. 91 p. 1/2. — filet.	3/4	26 1/4
congé.	1 1/2	25
dé.	87 1/4	25
filet.	1 1/2	25
congé.	3/4	26 1/4
G. Base. 14 p. 1/4. — baguette.	1 1/4	27 1/4
talon renversé.	3	26 5/8
filet.	1	30 3/4
tore.	3	32 1/2
socle.	6	32 1/2

Planches 11 *et* 13. Modillon corinthien.

Pour tracer le modillon corinthien, on établit d'abord le profil sur lequel il s'appuie, ainsi que le caisson qui orne le dessous du larmier. On porte ensuite six parties de hauteur sur seize de saillie pour le modillon. On construira une petite échelle, comme il est indiqué planche 11, de trois parties et demie de la grande; elle sera divisée en seize parties. La figure fait voir les dimensions à donner aux petits carrés dont les angles serviront de centre pour décrire les parties tournantes du modillon. Après avoir tracé la ligne AB, on la divisera en quatre parties égales par des lignes perpendiculaires, qui, rencontrant les verticales partant de A et de B, donneront des points pour tracer les arcs de cercle qui achèvent la forme du modillon.

La feuille d'acanthe qui supporte le modillon et le profil de la rosace qui orne le caisson se tracent également au compas.

Planche 14. Tracé du chapiteau corinthien.

Le plan est moitié de face et moitié sur l'angle. Après avoir tracé l'axe du plan correspondant à l'axe de l'élévation du chapiteau, on décrit un cercle de deux modules de rayon, que l'on subdivise en seize parties égales, dont chacune correspond au milieu de chaque feuille. Le vase du chapiteau est déterminé par un cercle de quatorze parties et demie de rayon; la figure indique les cercles qui terminent les feuilles montantes sur le vase.

L'élévation indique les hauteurs sur lesquelles les saillies du plan sont rapportées; au-dessus des feuilles sont les seize volutes, dont les huit grandes supportent les quatre angles du tailloir, et les huit petites supportent le bord inférieur du vase, ainsi que les quatre fleurons qui ornent les milieux du tailloir.

Les volutes, vues de profil, peuvent se tracer au compas; mais elles sont toujours décrites plus agréablement à l'œil et à la main qui en suivra les contours.

Les différentes parties du chapiteau sont indiquées comme il suit :

A. Plan des feuilles et du tailloir.
B. Plan des grandes et petites volutes.
C. Vase ou corps du chapiteau.
D. Premier rang de feuilles.
E. Second rang de feuilles.
F. Caulicole.
G. Grande volute.
H. Petite volute.
I. Fleuron.
K. Tailloir.
L. Bord du vase.

Ordre Composite. *Planches* 15, 16 *et* 17.

L'ordre Composite, ainsi appelé parce qu'en effet il est composé des deux précédens, est d'une élégance moyenne entre eux; aussi tous les membres analogues à son caractère participent-ils du Moyen, de l'Ionique et de la délicatesse du Corinthien.

Cet ordre fut composé par les Romains, lorsqu'ils élevèrent un arc de triomphe en l'honneur de l'empereur Titus, après la conquête de Jérusalem.

Le tableau suivant comprend le détail des membres de l'ordre. (Voir planche 16.)

MEMBRES DE MOULURES QUI COMPOSENT L'ORDRE.	HAUTEURS.	SAILLIES A PARTIR DE L'AXE.
ENTABLEMENT.	p.	p.
A. Corniche. 36 parties.		
filet du couronnement.	1 1/2	51
doucine.	5	51
filet.	1	46
talon	2	45 1/2
baguette	1	43 3/4
larmier.	5	43
doucine sous le larmier.	1 1/2	41
filet.	1	33
talon	4	32 1/3
filet des denticules.	1/2	28
denticules.	7 1/2	29
filet.	1	23
quart de rond.	5	22
B. Frise. 27 part.		
baguette.	1	17
filet.	1/2	16 1/4
congé.	1	15
C. Architrave. 27 parties.		
filet.	1	22
cavet.	2	20 1/2
quart de rond.	3	20
baguette.	1	17 3/4
première face.	10	17
talon	2	16 2/3
deuxième face.	3	15

Les cannelures de la colonne de cet ordre sont séparées par un listel.

MEMBRES DE MOULURES QUI COMPOSENT L'ORDRE.	HAUTEURS.	SAILLIES A PARTIR DE L'AXE.
COLONNE.	p.	p.
Fût. 16 mod.	12	18
E. Base de la colonne. 18 parties.		
congé	2	20
filet.	1 1/2	20
tore.	3	22
filet	1/4	20 1/2
scotie.	1 1/2	20
filet.	1/4	21 1/3
baguette.	1/2	21 3/4
filet.	1/4	21 1/3
scotie.	2	20 2/3
filet.	1/4	23
tore.	4	25
socle.	6	25
PIÉDESTAL.		
F. Corniche. 14 parties.		
filet.	2/3	33
talon	1 1/3	32 3/4
larmier	3	31 1/2
doucine.	1 1/3	28 1/2
filet	1/2	26 1/4
cavet	1	25 1/4
frise.	5	25
baguette.	1	27
Dé. 54 parties.		
filet.	1	26 1/4
congé.	1 1/4	25
dé.	88 3/4	25
congé	2	27
filet.	1	27
G. Base. 12 parties.		
baguette.	1	27 3/4
talon renversé	3	30 1/4
filet.	1	31 1/4
tore.	3	33
socle.	4	33

Planche 17. Tracé du chapiteau composite.

Le chapiteau composite participe des chapiteaux ionique et corinthien; il n'a que huit volutes qui reposent sur le second rang de feuilles, et remontent jusque dans le tailloir. Sa masse totale est la même que celle du corinthien. Les deux rangs de feuilles sont les mêmes, et par conséquent le corps du vase est de même grosseur.

Le tailloir qui couronne le chapiteau a aussi la même forme par son plan.

La volute de ce chapiteau, développée verticalement et vue de face, se trace comme la volute ionique; mais, à cause de sa position, elle ne peut être bien décrite qu'à la main, guidée par l'œil.

On voit par le plan que ces volutes sont inclinées et prennent la courbure du tailloir.

On disposera le plan du chapiteau composite comme on a fait pour le chapiteau corinthien, en ayant soin de faire suivre en même temps pour l'élévation les points correspondants. Les parties du chapiteau indiquées planche 17 sont les suivantes :

A. Plan vu de face.
B. Plan vu sur l'angle.
C. Vase ou corps du chapiteau.
D. Premier rang de feuilles.
E. Second rang de feuilles.
F. Volutes.
G. Fleuron.
H. Tailloir.

Planche 18. Accord des ordres entre eux.

Pour comparer entre eux les ordres d'architecture, nous reprendrons la division donnée *page 10 pour un ordre en général*. Après avoir pris une ligne à volonté pour la hauteur de l'ordre Toscan, et l'avoir divisée en dix-neuf parties égales, on en prendra quatre pour le piédestal, douze pour la colonne, et trois pour l'entablement.

Le module adopté pour l'ordre Toscan étant le quatorzième de la hauteur totale de la colonne, il suit que les dix-neuf divisions de l'ordre entier seront ainsi subdivisées : les quatre divisions du piédestal feront quatre modules huit parties; les douze divisions de la colonne feront quatorze modules; enfin, les trois divisions de l'entablement feront trois modules six parties.

La hauteur totale de l'ordre Corinthien étant de trente et un modules douze parties, il faudra donc faire correspondre à la verticale représentant les dix-neuf divisions de l'ordre Corinthien une ligne qui aura pour hauteur trente et un modules douze parties; en sorte que les quatre divisions pour le piédestal auront de hauteur six modules douze parties, les trois divisions pour l'entablement auront cinq modules, et enfin les douze divisions de la colonne auront vingt modules.

Cela posé, si l'on espace à volonté les deux axes des deux ordres Toscan et Corinthien, et que l'on élève à distances égales entre elles deux autres verticales pour former les axes des ordres Dorique et Ionique, les intersections de ces verticales avec l'oblique menée aux sommets des deux premières donneront les hauteurs correspondantes des parties des ordres intermédiaires, ainsi que l'indique la planche 17, sur laquelle ces parties sont cotées.

Comme l'ordre Composite a les mêmes dimensions que

l'ordre Corinthien, on a disposé sur la même planche, à la place de l'ordre Composite, les proportions du Corinthien de Palladio, dont quelques monumens construits en Italie offrent l'application.

Entre-colonnement.

La planche 19 offre pour chaque ordre les distances qui doivent être gardées entre les axes des colonnes des portiques. Les planches 20, 21, 22, 23 présentent les élévations des colonnes, avec les cotes indiquant les mêmes distances.

Quoique les indications soient ainsi données par Vignole, nous pensons que plus les colonnes sont massives, et plus elles doivent être espacées; plus elles sont élégantes, et plus elles doivent être serrées : le moindre espacement qu'on ait donné dans l'antiquité est de trois modules, ou cinq d'axe en axe : ce devrait être celui du Corinthien, tandis que l'espacement du Toscan pourrait être de huit modules d'axe en axe. Les ordres intermédiaires auraient un espacement relatif.

Portiques et arcades.

Lorsque les soutiens isolés sont fort éloignés les uns des autres, on les réunit par des arcs, au lieu de les relier par des plates-bandes.

Les arcs doivent toujours reposer immédiatement sur la colonne là où les arcades sont continues, et poser sur une architrave là où elles sont alternatives.

Si les arcs reposent sur des pieds-droits, soit qu'on les entoure d'une archivolte ou non, il faut toujours mettre une imposte pour recevoir la retombée de ces arcs : le profil d'une imposte ou d'une archivolte est le même que celui d'une architrave.

Les planches 19, 20, 21, 22 et 23 donnent le plan et l'élévation pour chacun des ordres d'un portique avec arcade sans piédestal.

Les planches 24, 26, 27, 28 et 29 donnent le plan et l'élévation pour les mêmes ordres d'un portique avec piédestaux.

La planche 25 comprend les détails des impostes et archivoltes des arcades pour chaque ordre, lorsqu'il est accompagné de piédestaux : cette planche forme le complément des détails d'arcades contenus sur les planches 3, 5, 9, 10 et 15.

Toutes ces planches offrent des dessins cotés qui complètent le tracé d'un ordre appliqué aux portiques et arcades.

ORDRE PESTUM. *Planches 30, 31 et 32.*

Quoiqu'on ait souvent cherché à composer quelque nouvel ordre, tout ce qui a été présenté rentre dans les ordres grecs ou romains connus jusqu'à ce jour ; les ordres gothiques, persiques, français, allemands, etc., ne sont que des altérations plus ou moins fâcheuses des types primitifs ; toutefois nous avons cru devoir joindre aux planches précédentes les détails d'un sixième ordre, non moins beau et plus ancien qu'aucun des autres, mais qui n'était plus en usage du temps de Vitruve, et que les architectes modernes ont retrouvé depuis moins d'un siècle dans les ruines d'un des temples de l'ancienne ville de Pestum, et qu'on dit avoir été dédié à Neptume. Ce système d'architecture fut appelé d'abord ordre pestum, puis dorique antique, et enfin dorique grec ; nous adoptons la première de ces dénominations comme la plus usitée.

On remarque, planche 32, que les entre-colonnemens des angles sont plus serrés que ceux du milieu. La corniche rampante ne contient point de modillons. On voit aussi un triglyphe aux angles de la frise, et dans cet exemple l'on n'a pas eu égard à l'aplomb des colonnes pour le placement du milieu de chacun d'eux.

Les détails de la planche 30 font voir le nu de l'architrave en saillie sur l'extrémité du diamètre supérieur de la colonne, en quoi ce temple diffère des règles données par Vitruve.

La colonne a vingt-quatre cannelures qui se touchent à vive arête; les cannelures des triglyphes sont cintrées par le haut, et triangulaires en plan. On trouve aussi un modillon au-dessus de chaque métope comme au-dessus de chaque triglyphe.

On peut remarquer encore que les plafonds du larmier et des modillons (planche 31) sont inclinés suivant la pente du fronton (15 degrés), ce qui donne plus de hauteur apparente aux moulures inférieures de la corniche, et prouve que les anciens suivaient encore en cela l'origine de l'architrave, puisque les modillons ne sont autre chose que l'image des bouts de chevrons de la couverture.

Les gouttes que l'on voit sous les modillons dans le plan du plafond sont en creux, puisqu'on ne les voit pas en élévation.

Application et expression des Ordres.

Nous terminerons la description que nous avons donnée des différens ordres d'architecture par les préceptes suivans, que nous devons à l'auteur du Vignole moderne.

Dans l'origine primitive, les ordres furent consacrés à la décoration des temples pour distinguer ces monumens de la demeure des hommes; dans la suite, ils furent employés à la magnificence des villes et à manifester la grandeur des princes : aujourd'hui on en abuse en les appliquant à nos maisons particulières ; partout nous voyons sans distinction des colonnes et des pilastres ; ce qui eût passé chez les Grecs et les Romains pour un déréglement d'imagination est devenu de nos jours un objet d'émulation entre les artistes, et un moyen pour eux de trouver la récompense de leurs travaux. L'artiste doit toujours craindre d'asservir son art, et de s'écarter de la route en s'éloignant de l'esprit de convenance qui fait seule la véritable architecture.

Les Grecs, doués d'un génie heureux, avaient saisi avec justesse les traits qui caractérisent la nature ; ils ont jugé qu'en imitation il y avait un choix à faire ; avant eux les beautés de l'art ne consistaient que dans l'énormité des masses et l'immensité des entreprises : plus éclairés que leurs prédécesseurs, ils aimèrent mieux plaire que d'étonner, et crurent que l'unité et les proportions devaient faire la base de leurs productions. Dans la suite, lorsque les arts se furent réfugiés en Italie, on se porta en Grèce, on y creusa jusque dans les tombeaux ; on apporta à Rome l'antiquité et toute sa splendeur ; on étudia les ouvrages, on y recueillit des règles, des principes et des exemples sans nombre ; enfin l'imitation de l'antiquité fut pour les Romains ce que la nature avait été pour les Grecs : ils apprirent bientôt que son vrai but était de plaire, ce qui servit de guide à leur génie, et de règle à leurs compositions.

La connaissance des ordres d'architecture doit donc animer l'artiste et lui inspirer les belles proportions, l'accord et l'harmonie qui charment les sens. L'architecture, comme la poésie et la musique, est susceptible d'expression grave ou légère, riche ou simple ; c'est elle qui donne à l'édifice un caractère convenable, qui embellit les cités, qui attire l'étranger et relève la gloire des nations. Là, s'élève un temple auguste et majestueux; ici, un magnifique palais; plus loin, un superbe hôtel de ville.

L'artiste qui consacre ses veilles à l'étude des Ordres apprend à distinguer leur vrai caractère, à les placer chacun convenablement et à les supprimer à propos pour en substituer l'expression qu'il répand dans tous les membres, dans toutes les moulures et dans tous les ornemens qui concourent à la décoration des façades.

Mais ce n'est pas seulement dans les ordres que l'on emploie qu'on doit établir de sages proportions; il faut encore, lorsqu'on élève un édifice, que les diverses parties qui composent son ensemble soient en harmonie avec l'ordonnance qu'on a adoptée. Si, par exemple, l'édifice est du genre Toscan ou Dorique, qui présentent l'idée de la force et de la sévérité, les portes, les croisées, etc., devront offrir le même caractère, tandis que les ordres Ionique et Corinthien exigeront des formes plus sveltes, plus dégagées. Quelques préceptes suffiront pour faire connaître les règles généralement adoptées à cet égard par les architectes les plus célèbres.

Portes et croisées.

Les portes et les croisées se font en arcades lorsqu'elles sont fort larges, ou se terminent carrément lorsqu'elles n'ont qu'une largeur ordinaire; elles présentent alors la forme d'un parallélogramme rectangle, et doivent avoir les proportions suivantes :

Hauteur d'une porte ou croisée toscane, 1 fois $\frac{11}{12}$ de la largeur.

— Dorique. 2
— Ionique. . . . . 2 . $\frac{1}{12}$
— Corinthienne . . . . 2 $\frac{1}{6}$

Dans les étages supérieurs ou dans les entre-sols, on pratique quelquefois des croisées parfaitement carrées, et qu'on nomme *mezzanines* (pl. 33, fig. 3), quelquefois même on ne leur donne en hauteur que les deux tiers de la largeur.

On appelle *chambranles* les cadres de pierre ou de bois qui soutiennent ou décorent l'ouverture d'une porte, d'une croisée ; on leur donne de largeur le cinquième ou le sixième de l'ouverture, selon que l'ordonnance est toscane et dorique, ou ionique et corinthienne. Leur saillie est du sixième de leur propre largeur. On orne les chambranles de moulures ayant le profil des architraves. Celles qui sont indiquées dans les figures 1 et 2, pl. 33, ont été données par Vignole.

Les croisées sont ordinairement surmontées d'un entablement AB, pl. 33, fig. 2, égal au tiers de la hauteur pour les proportions toscanes et doriques, et le quart de la même hauteur pour les ordres Ionique et Corinthien. Sur les corniches on met souvent un fronton pour rejeter les eaux, fig. 1, pl. 33 ; quelquefois on soutient l'extrémité de la corniche par une console dont la largeur est moitié de celle du chambranle. Ces frontons ne doivent guère être employés que dans les décorations ioniques ou corinthiennes.

Toutefois il est à remarquer que lorsque le dernier rang des croisées, telles que celles d'un second ou troisième étage, se trouve trop près de la corniche qui termine l'édifice, on ne doit pas mettre des corniches aux croisées ; il suffit alors des chambranles ou d'un simple bandeau.

Frontons.

Les premières habitations étaient probablement couvertes de feuilles et de branches d'arbre horizontales. Mais ces sortes de couvertures n'étaient pas susceptibles de donner de l'écoulement aux eaux pluviales. On inventa les couvertures inclinées, dont les deux pentes formaient un triangle sur le mur de face (*voir* le frontispice), triangle que par la suite on décora de moulures semblables à celles de la corniche qui représente la saillie des pièces de bois qui formaient le fronton.

D'après l'invention des voûtes on a fait des frontons circulaires, mais le bon goût les a proscrits avec juste raison, ainsi que les frontons brisés et ceux dont la base était interrompue, dispositions plus bizarres les unes que les autres, et qui n'avaient leur source que dans les écarts d'une imagination déréglée.

La proportion des frontons dépend évidemment de l'inclinaison du comble de l'édifice ; toutefois ceux qui présentent un angle aigu doivent être proscrits comme produisant toujours un mauvais effet. Voici le moyen géométrique généralement adopté par les architectes pour trouver la hauteur des frontons.

Soit la perpendiculaire D E qui passe par le milieu de la base du fronton M N (pl. 33, fig. 4); on porte de C en E une partie C F égale à M C, moitié de M N et du point F comme centre, on décrit l'arc M G N ; la distance C G sera la hauteur cherchée.

Ainsi que nous l'avons déjà dit, la corniche rampante du fronton doit être la même que celle du bâtiment ; ordinairement on supprime, dans la partie de cette corniche qui sert de base au fronton, la cimaise supérieure (fig. 1), afin de donner plus de hauteur au tympan H, c'est-à-dire à l'espace compris entre les rampans du fronton.

Les frontons doivent être employés avec beaucoup de prudence et de ménagement, et doivent être uniquement réservés pour les portes ou les croisées, ou pour les parties des édifices en avant-corps, ou qui doivent pyramider ; on doit surtout éviter l'abus qu'en avaient fait les architectes du siècle dernier, qui avaient poussé l'absurdité jusqu'à placer trois ou quatre frontons les uns dans les autres.

Il faut donc éviter d'établir deux frontons l'un sur l'autre, à moins que le plus élevé ne couronne un édifice plus éloigné.

Balustrades.

Les *balustrades* sont des murs d'appui composés de petites colonnes nommées *balustres*, dont le fût a la forme d'une poire ; les colonnes sont élevées sur un socle et surmontées d'une tablette. On les emploie particulièrement à former des appuis de croisées, de terrasses, etc.

Quelquefois les balustrades servent à terminer un édifice et à masquer le comble ; on leur donne alors environ le double de la saillie de la corniche de l'entablement qu'elles surmontent.

Dans tous les cas la hauteur totale de la balustrade se divise en neuf parties, dont trois pour le socle, une pour la tablette ou corniche, et cinq pour le balustre.

On détermine les proportions et le genre des moulures et d'ornement du balustre, selon l'ordre d'architecture auquel on l'associe, sans autre règle néanmoins que celle du goût. Les fig. 5 et 6 de la planche 33 offrent les deux formes le plus généralement usitées ; le balustre fig. 5 s'emploie dans les décorations toscanes et doriques. Celui de la fig. 6, qui représente plus de légèreté, est presque spécialement affecté à l'ordonnance ionique ou corinthienne.

Refends et bossages.

Les *refends* sont une imitation des joints des pierres ; on les emploie pour décorer les façades d'un genre sévère, c'est-à-dire d'ordonnance toscane ou dorique seulement.

L'espace entre les refends se nomme *assise* quand il est sur le même plan que le nu du mur, pl. 33, fig. 7, et *bossage* quand il est saillant, fig. 8; la hauteur des assises ou bossages doit être constamment d'un module de l'ordre employé.

La hauteur des refends qui séparent les assises doit être un dixième de celle de ces assises, fig. 7. Celle des bossages doit être du huitième desdits bossages, fig. 8. Dans tous les cas la profondeur de ces refends est égale à la moitié de leur largeur.

COUPOLES ET CAISSONS.

On nomme *coupole* la partie concave des voûtes sphériques qui surmontent en général les monumens et même les salles dont le plan est circulaire; on orne ces coupoles de compartimens séparés par des côtes qui se coupent à peu près à angle droit. Ces compartimens se nomment *caissons, panneaux* ou *cassettes,* et affectent la forme d'un trapèze symétrique; on remplit ordinairement ces caissons d'ornemens variés, tels que rosaces, mascarons, mufles d'animaux, groupes de fleurs ou de fruits, feuillages, arabesques, etc.

La difficulté qu'éprouvent les personnes peu familiarisées avec la géométrie descriptive pour tracer les projections horizontales et verticales des coupoles ornées de caissons nous a engagé à donner quelques détails à cet égard.

TRACÉ DES CAISSONS.

Soit les murs B et C, pl. 34, fig. 1re, sur lesquels doit être construite la coupole; on joint l'extrémité de ces deux murs par une ligne droite BC, et du point A pour centre milieu de cette droite, on décrit une demi-circonférence de cercle, qui sera la projection verticale de la coupole; avec la même ouverture de compas et d'un point A' situé sur la même verticale que le point A, on forme la projection horizontale B'C'; le diamètre des colonnes ou des pilastres qui supportent la coupole donne la largeur et la position des côtes E', F'', G', I', etc.; de ces divers points on mène au centre A' des rayons E', H, F', K.., qui se

ORDONNANCE ·INTÉRIEURE
DES BATIMENS.

	APPARTEMENS.				
	GRANDS ou de parade.	MOYENS ou de société.	PETITS ou privés.		
Superficies des. . . . . { vestibules.	12 à 16 toises.	6 à 8 toises.	3 à 4 toises.	Hauteur des étages. { caves . . . . . . 7 à 9 p.	Voûtes des caves, 15 à 20 pouc., et 4 à 6 de charge.
antichambres. . .	10 à 12	8 à 10	4 à 5	rez-de-chaussée. . 10 à 15	4 à 6 de charge.
salles.	18 à 24	10 à 12	5 à 6	entresol. . . . . . 7 à 8	Planchers, 12 à 16
salons	30 à 40	12 à 16	6 à 8	premier. . . . . . 10 à 15	pouces, compris
chambres. . . .	20 à 25	10 à 12	5 à 6	deuxième. . . . . 9 à 12	carrés ou pavés.
cabinets. . . .	12 à 15	4 à 6	2 à 3	troisième. . . . . 8 à 10	
cages d'escaliers. .	20 à 30	6 à 8	3 à 4	quatrième. . . . . 7 à 8	

Escaliers, longueur des marches.		Marches. { largeur 14 pouces. / hauteur 5				
grands.	5 à 6 pieds.		13 » / 5	11 / 6	11 » / 6 ½	10 / 7
moyens.	4 à 4 6 p.					Hauteur de rampe , 33 à 39 pouces.
petits.	3 à 3 6					
de dégagement. . .	24 à 30 pouces.»					

Épaisseur des murs des maisons à loyer.		Murs . . . { de refend	Cloisons . { de charpente		Puits . .	
aux fondemens . .	27 à 36 pouces.	de refend	15 à 18 pouces.		30 à 33 po.	
au sol des caves. .	21 à 30	de clôture (au fond. . .	20 à 22			3 à 4 pi.
au rez-de-chaussée.	18 à 24	de 9 à 12 { au sol. . . .	14 à 16		6 à 18 pouc.	
au premier.	16 à 20	au haut. . .	13 à 15			
au plus haut. . . .	15 à 18	de charpente	7 à			
		légers.	2 à 4			

Portes . { cochères	8 à 9 pi. de large.			Hauteur des appartemens, 7, 8, 9, 10, 12, 15 pieds.
bâtardes	4 à 5 id.			
à deux ventaux. . . { largeur.	4 pi., 4 pi. 6, 5 pi.			Hauteur de la cimaise et des lambris, 18, 30, 31, 33, 36 et 39 pouces.
hauteur.	8 9 10			
d'appartemens. . . { à un ventail. . . { largeur.	27 po., 30 po. 33 po.			
hauteur.	6 pi., 7 pi. 7 po. ¼			

Croisées . { petites.	3 pi. ½ à 4 pi.	appuis.	33 à 39 pouces.	Châssis à tabatières pour les combles.
moyennes	4 ½ à 4 9 po.	banquettes. . . .	13 à 15	Hauteur. . . . 30, 36, 42 p.
grandes.	4 à 5 6	balcons.	24 à 27	Largeur. . . . 24, 27, 30

SUITE DE L'ORDONNANCE INTÉRIEURE DES BATIMENS.

		LARGEUR dans œuvre.	HAUTEUR de la tablette.	PROFONDEUR du jambage.	Nota. Autant de pieds cubes entre les jambages qu'il y a de toises cubes dans la pièce, et en tuyaux le tiers de la superficie de l'âtre.
CHEMINÉES.	pour les plus grandes pièces........	5 à 6 pieds • p.	3 pi. 6 p. à 3 pi. 9 p.	27 à 30 pouces.	Les tuyaux de 27 à 36 pouces de long sur 9 à 10 de large.
	pour les grandes...	4 à 4 6			
	pour les moyennes...	3 pi. 9 p. à 4 pi. 3			
	pour les petites...	3 à 3 pi. 6			
	pour les plus petites...	27 à 33 pouc.			
FOURS...	petits...	3 pieds de diam. sur	14 po., haut. de ch.	Portes du four... 10 sur 15 de haut.	Fourneaux potagers, 28 à 30 pouces de largeur et autant de hauteur.
	moyens...	4 ¼ id.	16 id.	12 sur 20	
	grands...	6 id.	16 id.	15 sur 30	
COURS...	au moins 24 pieds de côté pour faire tourner librement un carrosse.				
ÉCURIES..	simple...	1 à 16 pieds.	Par cheval..... de selle......	3 pieds ½.	Les portes, de 4 à 5 pieds sur 8 de hauteur.
	double...	25 à 35	de carrosse.....	4 »	Nota. Les poteaux d'œuvre placés à 9 pieds du râtelier.
	hauteur...	9 à 12	Stales........	5 à 6 »	
REMISES.	simple...	8 à 9 pi. de lar. sur	14 à 15 pi. de prof.	et 9 à 10 pieds	Charretterie, de 9 à 10 pieds de travée sur 24 pieds de profondeur, et de hauteur 9 à 12 pieds.
	double...	24 à 28 id.	18 à 21 id.	de hauteur.	
ÉTABLES.	simple...	14 à 16 pieds.	de largeur, 4 pieds à 4 pieds ½.		Portes, de 3 à 4 pieds sur 6 à 7 de hauteur.
	double...	24 à 28	6 à 9 pieds de hauteur par vache.		
BERGERIES.	par toise de superficie...	8 à 10 moutons.			Toit à porcs, de 6 à 7 pieds carrés.
	hauteur...	9 à 10 pieds.			Cour de même grandeur pour chaque porc.
COLOMBIER.	Diamètre...	3 à 4 toises.	Poulailler, 8 pieds sur 9 à 12 de hauteur suffisent pour 200 poules.		
GRANGES..	Largeur, 24 à 30 pieds. On peut compter sur 60 à 70 gerbes par toise cube. L'arpent rapporte de 200 à 300 gerbes. Nota. La toise cube contient 140 à 150 bottes de fourrage. L'arpent de prairie rapporte 150 à 200 bottes.				
PRESSOIR..	Pour pressoir à roue, 18 à 36 pieds, 20 à 24 sur 40 à 45 de larg. 30 à 36 pieds pour moulin à écraser les pommes.				

Nota. Les dimensions et proportions que l'on donne aux différentes parties des édifices et bâtimens sont relatives à leur destination et à une infinité de circonstances. On a eu principalement en vue d'offrir des rapports qui facilitent la composition.

terminent à la projection horizontale L' M' de la lanterne LM, fig. 1ʳᵉ, que l'on pratique ordinairement au sommet de la coupole pour donner passage à la lumière.

Cette première opération étant faite, on divise le quart de cercle BD, fig. 1ʳᵉ, en un nombre assez considérable de parties égales; par exemple, en 20, qu'on porte sur une ligne droite NO, fig. 3; on prend la largeur d'une côte E'F' que l'on porte de O vers N au point P'', on porte ensuite de P'' vers N la largeur des caissons F'G', on porte les distances OP'' et PQ'' sur l'arc BD, fig. 1ʳᵉ, aux points P, Q; par ces points on abaisse des perpendiculaires qui viennent couper la ligne A'B', fig. 2, aux points Q'......; du point A' pour centre et A'Q' pour rayon, on décrit un quart de cercle qui coupe les rayons E'H, F'K aux points S'T'; on prend la distance S'T', fig. 2, que l'on porte de Q'' vers N, fig. 3, au point V', ce sera la largeur de la deuxième côte horizontale; on porte ensuite de V' en N la distance T'U' au point X'; reportant ensuite ces distances sur l'arc BD, fig. 1ʳᵉ, on obtient les points V et X en menant des horizontales par les points P, Q, V, X, et continuant l'opération pour chaque caisson, on obtient les lignes PZ, QR, VY..., fig. 1ʳᵉ, qui donnent la largeur des côtes horizontales; en abaissant des points P, Q, V, X, etc., des perpendiculaires, on peut tracer les arcs de cercle 1 2, 3 4, etc., fig. 2, et par leurs points d'intersection avec les côtes E' H F' K, etc., on mène des perpendiculaires qui coupent les horizontales PZ, OR, etc., fig. 1ʳᵉ, en divers points, par lesquels on fait passer des courbes 4 5, 6 7, fig. 1ʳᵉ, et on obtient la projection verticale de la coupole.

Il est fort essentiel que les élèves s'exercent à faire cette opération, qui se présente souvent dans l'exécution des dessins d'architecture, et qui d'ailleurs les familiarisera avec les principes des projections.

CONCLUSION.

Telles sont les règles principales que l'on doit observer dans la construction et la décoration des édifices; c'est dans l'étude de ces règles, et surtout dans celle des ordres, que les plus habiles architectes ont puisé, comme dans une source féconde, le germe des chefs-d'œuvre qu'ils ont produits, ouvrages élevés autant à leur gloire qu'à celle des nations qui ont encouragé leurs talens, car les arts sont le plus beau titre d'un peuple et le seul testament qu'il puisse laisser à l'avenir.

PLANCHES

SUPPLÉMENTAIRES

DESSINÉES, COTÉES ET GRAVÉES

PAR HIBON.

MANIÈRE DE GALBER OU DIMINUER LES COLONNES. *Planche* 35.

Fig. 1re. La hauteur et le diamètre de la colonne étant donnés ainsi que la mesure de sa dimension, on divise le fût en trois parties; on trace un demi-cercle A au premier tiers. On tire une ligne b sous l'astragale, à l'endroit fixé pour la diminution, on la conduit parallèlement à l'axe jusqu'à sa rencontre sur le demi-cercle. On divise les deux tiers supérieurs du fût en autant de lignes parallèles que l'on veut, soit 6, et on tire pareillement 6 lignes parallèles : l'intersection de chaque ligne donnera la courbe.

Une autre manière a été imaginée par Vignole : voici la description qu'il en donne, traduite par M. Charles Normand, à qui l'architecture doit tant de travaux utiles à l'enseignement. « Quand vous aurez déterminé toutes les proportions de votre colonne, il faut tirer une ligne indéfinie vers le tiers de la colonne par le bas, de *c* en *d*, puis vous porterez cette mesure, qui est le diamètre de la colonne, sur son axe de *a* en *b*, en continuant cette ligne jusqu'en E, où la ligne *cd* est prolongée. Alors vous diviserez la hauteur de la colonne, au-dessus et au-dessous de *cd*, sur son axe, en autant de parties que vous voudrez, dont vous tirerez des lignes du point E, de la longueur présumée de la circonférence du fût; sur chacune de ces lignes, vous porterez la distance de *cd*, depuis l'axe et la colonne, pour avoir sa diminution, tant au-dessus qu'au dehors du tiers d'en bas, et vous aurez les points nécessaires par lesquels vous ferez passer le contour extérieur de votre colonne, ce qui vous donnera le renflement et la diminution.

» Ayant tracé votre colonne droite, pour la rendre *torse*, il faudra tracer le plan tel qu'il se voit sur la même planche; un cercle moins grand, au milieu, marque la quantité, ou la saillie que vous voulez lui donner; vous divisez ce petit cercle en 8 parties égales et de chaque point vous tirez des lignes parallèles à l'axe de la colonne. Vous divisez ensuite la hauteur en 48 parties qui vous serviront pour former la ligne spirale du milieu qui doit être le centre de la colonne, et sur laquelle vous rapporterez les grosseurs correspondantes, ligne par ligne, prises de l'axe du diamètre à la circonférence de la colonne droite de *d* en *c*, comme il est marqué sur le dessin. Les chiffres 1, 2, 3, 4 que l'on voit sur le petit cercle du plan ne doivent servir que pour la première demi-révolution du bas de la colonne, parce que la base de la spirale doit commencer du centre. »

Les colonnes *torses* ne peuvent servir que pour des ornements exécutés en petit.

La colonne *renflée* n'est pas naturelle et elle est peu usitée.

BASE ATTIQUE. *Planche* 35.

Elle est ainsi nommée par Vitruve parce qu'elle fut d'abord mise en usage à Athènes. Elle peut servir pour les ordres Corinthien, Composite, Ionique, et même pour le Dorique. Cependant Vignole remarque qu'elle convient mieux au Composite.

ENTABLEMENT DE COURONNEMENT. *Planche* 36.

Vignole a employé plusieurs fois cet entablement pour servir de couronnement à des façades. Pour les proportions il divisait ainsi : l'édifice étant partagé en 11 parties, 10 étaient pour la hauteur et la 11e pour l'entablement. Les mesures, d'ailleurs, sont indiquées sur la planche.

PORTE RUSTIQUE DANS LE STYLE TOSCAN. *Planche* 37.

Vignole a, dit-il, nommé cette porte rustique parce que les parcmens des pierres figurent des bossages. Elles peuvent, par leur combinaison, se soutenir sans mortier.

PORTE DU PALAIS DE LA CHANCELLERIE. *Planche* 37.

Ce palais, construit sous le pontificat de Sixte-Quint, est à Rome. La porte ici représentée est celle d'entrée principale de l'édifice.

PORTE D'ÉGLISE A ROME. *Planche* 38.

Cette porte est la principale de l'église de Saint-Laurent in Damaso, à Rome. Elle est de la composition de Vignole; elle peut être considérée comme un modèle de proportions heureuses et peut être enrichie d'ornements de sculpture.

PORTE DE SALON AU PALAIS FARNÈSE, A ROME. *Planche* 38.

Cette porte, du dessin de Vignole, a en hauteur deux largeurs.

PORTES, ARCADES, CROISÉES. *Planche* 39.

Ce que l'on a dit pages 27 et 28 et pages 31, 32 et 33, explique les principes généraux qui se rapportent à celle-ci.

Fig. 1re. Porte avec colonne, entablement et fronton; l'ouverture de la baie a, en hauteur, deux fois sa largeur.— Diviser la largeur en 6 parties égales et prendre une de ces parties pour marquer la distance du tableau au fût des colonnes, puis une semblable au-dessus.

La fig. 2 donne une arcade sur colonnes accouplées; la fig. 3 sur colonnes simples; la fig. 4 sur pied droit, d'une fois la largeur, avec porte au milieu 5 et mezzanine 6; la fig. 7 sur pied droit, moitié de l'arcade; la fig. 8 sur pied droit de la largeur, avec croisée au milieu; la fig. 9 sur pied droit, moitié de l'arcade.

ORNEMENTS VARIÉS POUR MOULURES. *Planches* 40-41.

Voir ce qui a été expliqué sur les moulures dans le texte de la planche 1re.

Les ornemens des planches 40, 41, sont tirés de divers monumens antiques. Les Romains en ont fait beaucoup d'usage dans certaines décorations, tandis que d'autres sont d'une grande simplicité. En général on doit en faire usage avec discernement, car ils sont d'un grand effet quand ils sont employés avec modération et sans surcharge. La richesse du chapiteau corinthien commande impérieusement un accompagnement, surtout si la colonne est cannelée : son entablement ne saurait être simple.

BASES DE COLONNES ORNÉES. *Planche 42.*

La riche base (fig. 1re) est tirée du baptistère de Constantin, près Saint-Jean de Latran, à Rome. Il n'est pas certain que cet ornement soit antique, car le monument a été restauré plusieurs fois, et en dernier lieu par Urbain VIII, au commencement du XVIIe siècle. D'ailleurs il est douteux qu'il ait été construit sous Constantin, mais il est certain qu'il existait au Ve siècle. Depuis ce temps il a subi de grandes dévastations.

La base non moins luxueuse (fig. 2) est tirée de Saint-Paul hors les murs, à Rome, basilique construite au IVe siècle.

PORTIQUE DU PANTHÉON, A ROME. *Planches 43-44.*

Ce magnifique monument, le mieux conservé de tous ceux de Rome, a été érigé par Agrippa, l'an 26 avant J.-C. Ayant été brûlé sous Titus et sous Trajan, il fut restauré par Hadrien, et ensuite par Antonin le Pieux, Septime-Sévère et Caracalla. Néanmoins l'inscription a subsisté et subsiste encore telle qu'on la voit dans la gravure. Dans les deux grandes niches, dont on aperçoit le trait cintré, sous le portique, furent placées les statues d'Auguste et d'Agrippa. On montait autrefois au temple par sept degrés, ce qui le rendait bien plus majestueux qu'il ne l'est à présent, où l'on y arrive par deux marches seulement. Le portique, présentant à l'extérieur 8 colonnes, a 103 pieds de face sur 61 de profondeur, et l'intérieur est soutenu par deux rangs de 4 colonnes. Ces 16 colonnes sont de granit oriental, d'un seul bloc ; elles portent 14 pieds de circonférence sur 38 de hauteur, sans y comprendre la base et les chapiteaux, qui sont de marbre blanc et des plus beaux que nous ayons de l'antiquité. Le bas-relief du fronton et les statues n'existent plus ; ils ont été restaurés sur le dessin, d'après des médailles antiques.

Temple de Jupiter Tonnant a Rome. *Planches* 45-46.

Il fut érigé par Auguste à son retour d'Espagne, où, voyageant de nuit, un de ses domestiques, qui l'éclairait, fut frappé d'un coup de foudre. Ce temple, ayant souffert, fut restauré par les empereurs Septime Sévère et Caracalla. Il ne nous reste de ce beau monument que trois colonnes du portique, qui soutiennent un morceau assez considérable d'entablement. Ces colonnes cannelées, d'ordre corinthien et en marbre de Carrare, ont de diamètre 4 pieds 2 pouces. L'entablement est remarquable par la beauté du travail. La corniche paraît d'un style moins délicat, et peut-être on doit l'attribuer à l'époque de sa restauration.

Græcostasis. *Planches* 47-48.

Ce beau reste de l'architecture antique ne peut avoir appartenu, par sa situation, au temple de JUPITER STATOR.

Les passages des anciens écrivains et les fragments du vieux plan de Rome qui existe en marbre au Capitole déterminent ces ruines pour celles de la Græcostasis, édifice érigé pour la réception des ambassadeurs étrangers dès le temps de Pyrrhus. La façade était formée par huit colonnes, et les trois seules qui restent appartiennent à un des côtés, qui en avaient chacun treize. Ces colonnes sont en marbre pentélique, cannelées et d'ordre corinthien. Leur diamètre est de 4 pieds et demi et leur hauteur de 45 pieds, compris la base et le chapiteau. L'entablement, grand et majestueux, est d'un travail délicat et fini. Les chapiteaux sont aussi beaux que ceux du Panthéon et ils servent de modèles, ainsi que les colonnes, pour régler les proportions et les ornements de l'ordre corinthien.

Temple de Minerve,

Nommé Parthénon ou Hécatompédon. *Planches* 49-50.

Ce temple fut construit, au temps de Périclès, par Callicrates et Ictinus, sous la direction de Phidias. Il est décrit par plusieurs écrivains des plus illustres de la Grèce, et leurs descriptions ont été éclaircies et confirmées par les relations de plusieurs voyageurs des temps modernes, qui cependant ont pu voir cet édifice encore presque entier.

Voici ce qu'en dit Georges Wheler, l'un de ces voyageurs:
« Cet édifice, placé vers le milieu de la citadelle, est entiè-
» rement construit en marbre blanc; il a 217 pieds 9 pouces
» de long sur 98 pieds 6 pouces de large; on monte au por-
» tique qui l'entoure par trois marches qui lui servent de
» soubassement; les colonnes du portique, au nombre de 46,
» dont 8 sur chacune des faces antérieure et postérieure,
» et 15 sur chacune des deux autres faces, sont d'ordre do-
» rique et cannelées. Elles ont 42 pieds de haut sur 17 pieds
» 6 pouces de circonférence; l'entre-colonne est de 7 pieds
» 4 pouces, les façades orientale et occidentale sont cha-
» cune décorées d'un fronton; la frise régnant sous le por-
» tique tout autour de la cella est ornée d'un bas-relief de
» la plus grande beauté. »

Un mur transversal séparait en deux parties inégales l'intérieur de la cella. La plus petite, où l'on entrait d'abord,
est désignée par Wheler et Spon sous le nom de *pronaos*;
Stuart trouve cette dénomination inexacte, et pense que
cette pièce était l'opistodome, ou trésor public : cette salle
était décorée de six colonnes. L'autre partie renfermait un
portique à deux étages, aujourd'hui complétement détruit;
c'est là qu'était placée cette fameuse statue de Minerve faite
d'ivoire et d'or, l'un des chefs-d'œuvre de Phidias. Elle était
debout, coiffée d'un casque, et vêtue d'une tunique qui
tombait jusqu'à ses pieds; sa poitrine était couverte d'une
tête de Méduse; d'une main elle tenait une pique, de l'autre
une figure de 4 coudées de haut représentant une Victoire;
cette statue, selon Pline, avait 26 coudées de hauteur; sur
son piédestal était représentée la naissance de Pandore.

Planche 49. Elévation du Parthénon.

Planche 50, fig. 1. Chapiteau et entablement des colonnes du portique extérieur.

Fig. 2. Détail du chapiteau sur une plus grande échelle.

TEMPLE D'ÉRECHTHÉE, DE MINERVE POLIADE ET DE PANDROSE.

Planches 51-52.

Ces trois temples contigus, situés au nord du Parthénon, en sont distants à peu près de 140 pieds français. Celui des trois qui est exposé à l'est était nommé Erechtheum ; celui qui est à l'ouest de celui-ci était le temple de Minerve Poliade, et le Pandrosium, qui tirait son nom de sa dédicace à la nymphe Pandrose, fille de Cécrops, était joint au côté sud du temple de Minerve Poliade.

Pausanias dit que dans l'Erechtheum était la source que Neptune fit jaillir d'un coup de son trident lors de sa dispute avec Minerve, au sujet de la protection d'Athènes, ainsi qu'un autel à Neptune, sur lequel, d'après l'ordre d'un oracle, on sacrifiait aussi à Erechthée, ce qui ferait supposer que dans l'origine ce temple était dédié à Neptune. Il y avait encore dans le même endroit un autel consacré au héros Butès, fils d'Erechthée, et un autre consacré à Vulcain.

Dans le temple à droite de celui-ci, était conservée la statue en bois de Minerve Poliade, qu'on croyait être tombée du ciel. Il y avait aussi un Hermès, ou statue de Mercure, presque entièrement cachée par des branches de myrte : cette figure, à peu près aussi obscène que celle d'un Priape, semble tellement déplacée dans un temple de vierge, que la superstition seule avait pu empêcher de l'ôter de ce lieu.

Enfin, sous un palmier de bronze était placée la lampe d'or de Callimaque, inventeur du chapiteau corinthien.

Le Pandrosium, dont l'entablement est supporté par des cariatides, est le seul temple antique de ce genre qu'on connaisse. Dans son intérieur était l'olivier produit par Minerve lors de sa dispute avec Neptune. Sous cet arbre s'élevait un autel dédié à Jupiter Herceus.

Ces trois temples, quoique réunis en un seul corps de bâtiment, ne sont cependant pas sur un même plan horizontal : le sol du temple d'Erechthée est à peu près de huit pieds en contre-haut de celui du reste du monument. L'architecte paraît même avoir tâché de donner à chacun de ces temples une forme spéciale qui ne produisît pas un ensemble symétrique.

Planche 52, fig. 1. Base, chapiteau et entablement du temple d'Erechthée.

Fig. 2. Chapiteau des antes du portique.

Fig. 3. Base des mêmes antes.

MONUMENT CHORAGIQUE DE LYSICRATES,

Vulgairement appelé lanterne de Démosthène. *Planche* 53.

L'opinion du peuple moderne d'Athènes est que le monument dont nous nous occupons fut construit par Démosthène pour s'y retirer et s'y livrer tout entier à l'étude. L'inspection seule de ce monument, de moins de six pieds de diamètre intérieur, sans porte, sans fenêtre, et conséquemment totalement privé d'air et de lumière, suffit pour faire comprendre tout le ridicule de cette fable.

Wheler et Spon, qui parlent de ce monument, ont les

premiers remarqué sur son architrave une inscription dont le sens indique qu'il fut élevé par des citoyens en l'honneur d'un triomphe obtenu par eux dans des jeux publics.

Stuart, d'après des recherches qui nous paraissent consciencieuses, donne plus de détails et s'exprime plus nettement sur la destination de ce monument. Il pense que Lysicrates de *Cicynna,* de la tribu Acamantide, ayant donné à ses dépens une représentation théâtrale où les enfants de sa tribu eurent la supériorité, obtint pour récompense, en sa qualité de chorège, un trépied, ainsi que le voulait l'usage établi ; que, pour conserver la mémoire de ce glorieux événement, il fit élever le monument, et qu'il le couronna du trépied choragique qu'il avait reçu. Il ajoute que les trépieds sculptés entre les chapiteaux, et le sujet de la frise représentant une des aventures de l'histoire de Bacchus qui paraît être aussi celui de la pièce de Lysicrates, peuvent encore servir d'autorité à ses conjectures.

Cette opinion est d'autant plus vraisemblable qu'un grand nombre d'édifices de ce genre ont autrefois existé dans Athènes. Pausanias parle d'une rue placée près du Prytanée, qui devait son nom à la grande quantité de trépieds qu'on y voyait. Ils étaient d'ordinaire placés dans les temples, et malgré la matière assez commune dont ils étaient souvent formés, ils excitaient presque tous l'admiration par l'élégance et la variété de leurs proportions.

ENTABLEMENT ET CHAPITEAU DU MONUMENT DE LYSICRATES.

Planche 54.

Entablement, face extérieure des chapiteaux, et moitié d'un des trépieds qui décorent les entre-colonnes. Les six chapiteaux, n'étant pas semblablement dégradés, ont servi à restaurer celui-ci avec la plus scrupuleuse exactitude. On pense que la cavité annulaire qui sépare le fût du chapiteau était destinée à recevoir un astragale en bronze.

PARIS. TYPOGRAPHIE DE HENRI PLON, IMPRIMEUR DE L'EMPEREUR,
RUE GARANCIÈRE, 8.

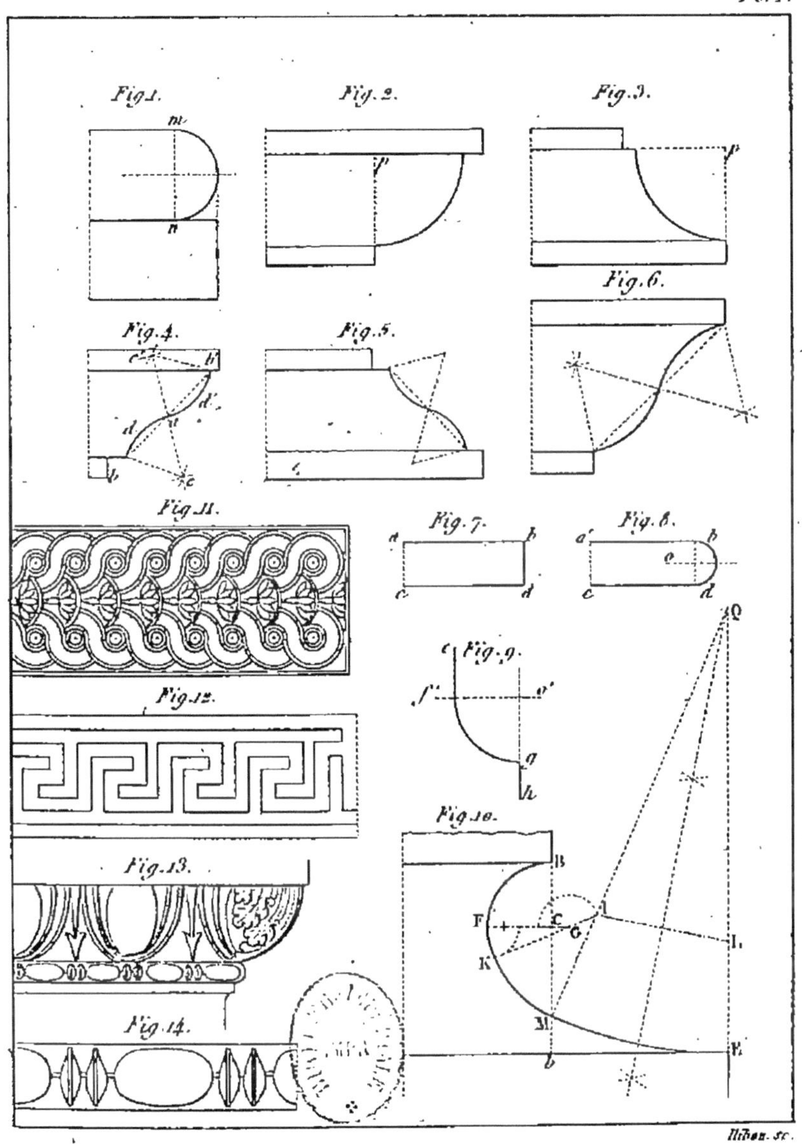

Fig. 1.
Fig. 2.
Fig. 3.
Fig. 4.
Fig. 5.
Fig. 6.
Fig. 7.
Fig. 8.
Fig. 9.
Fig. 10.
Fig. 11.
Fig. 12.
Fig. 13.
Fig. 14.

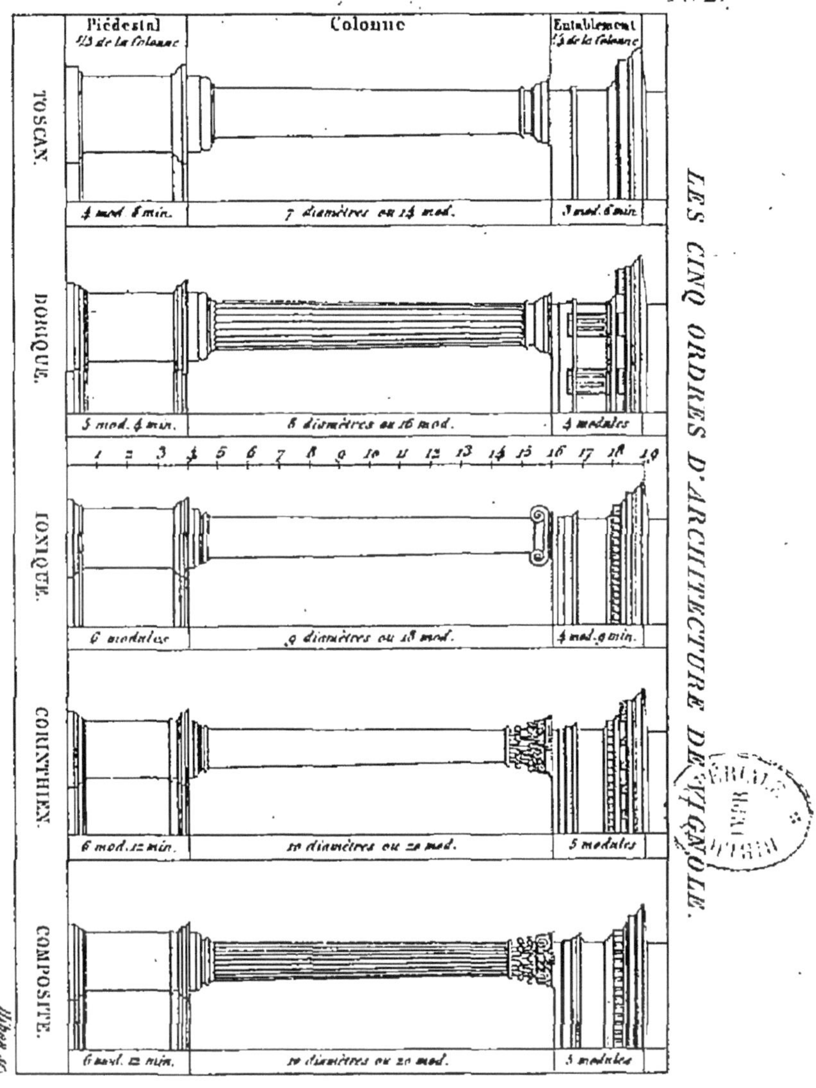
Piédestal
1/3 de la Colonne
Colonne
Entablement
1/4 de la Colonne
TOSCAN.
4 mod. 8 min.
7 diamètres ou 14 mod.
3 mod. 6 min.
DORIQUE.
5 mod. 4 min.
8 diamètres ou 16 mod.
4 modules
1 2 3 4 5 6 7 8 9 10 11 12 13 14 15 16 17 18 19
IONIQUE.
6 modules
9 diamètres ou 18 mod.
4 mod. 9 min.
CORINTHIEN.
6 mod. 12 min.
10 diamètres ou 20 mod.
5 modules
COMPOSITE.
6 mod. 12 min.
10 diamètres ou 20 mod.
5 modules
LES CINQ ORDRES D'ARCHITECTURE DE VIGNOLE.

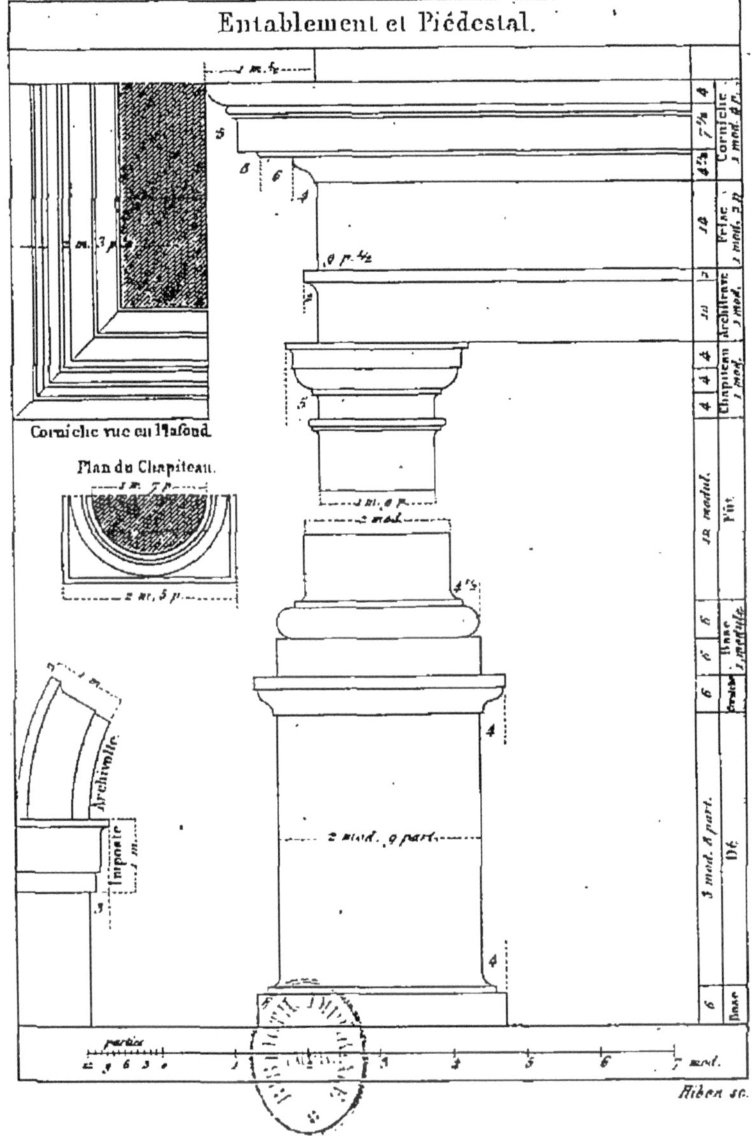
Entablement et Piédestal.
Corniche vue en Plafond.
Plan du Chapiteau.
Archivolte.
Imposte.
Corniche
Frise
Architrave
Chapiteau
Fût
Base
Dé
Base
Riben sc.

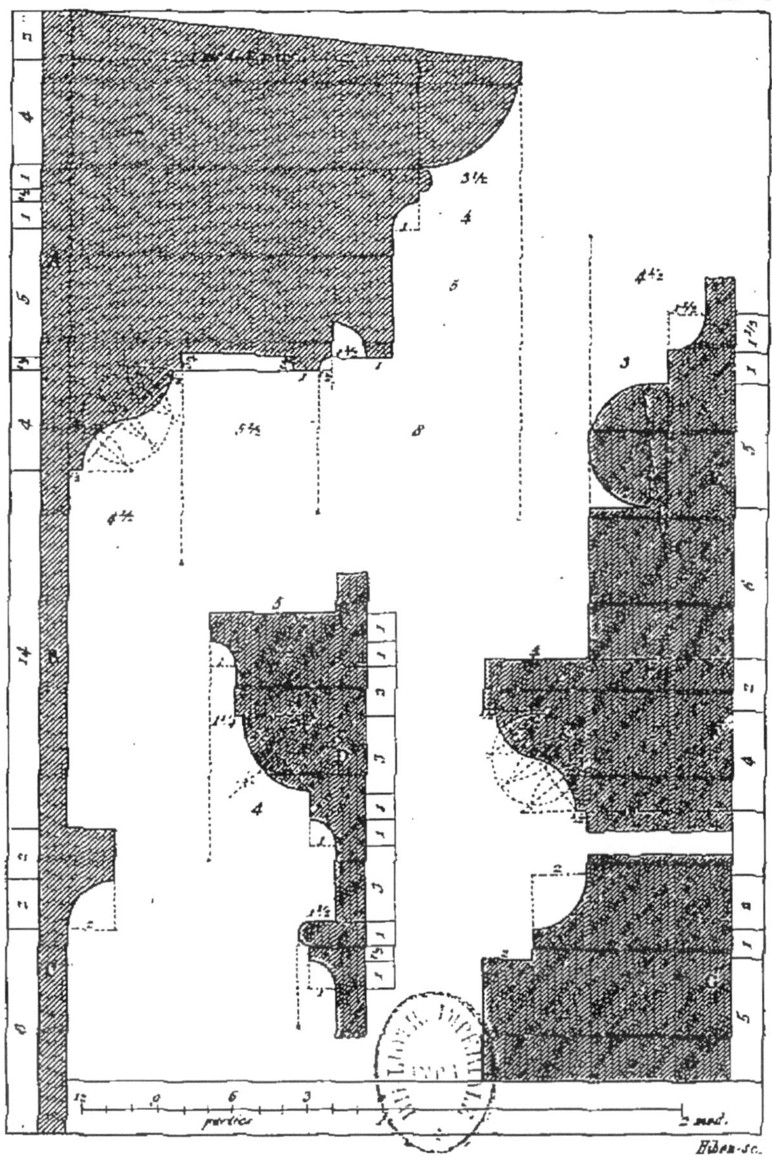
partes
mod.
Huber sc.

Entablement mutulaire et Piédestal.

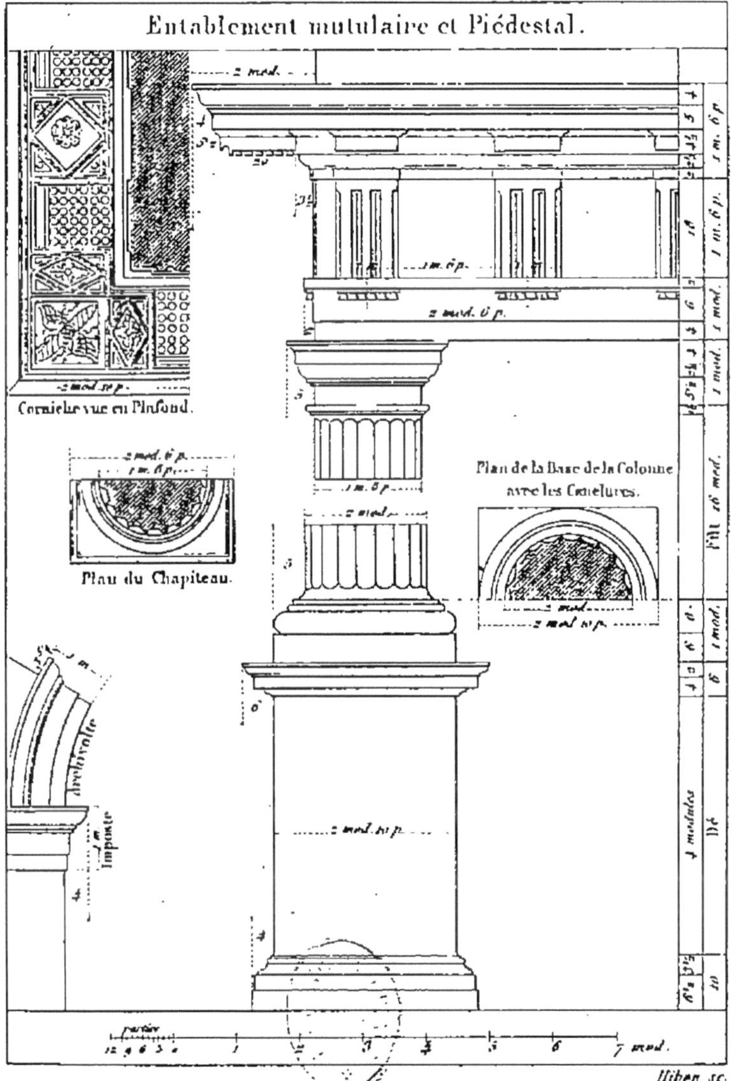

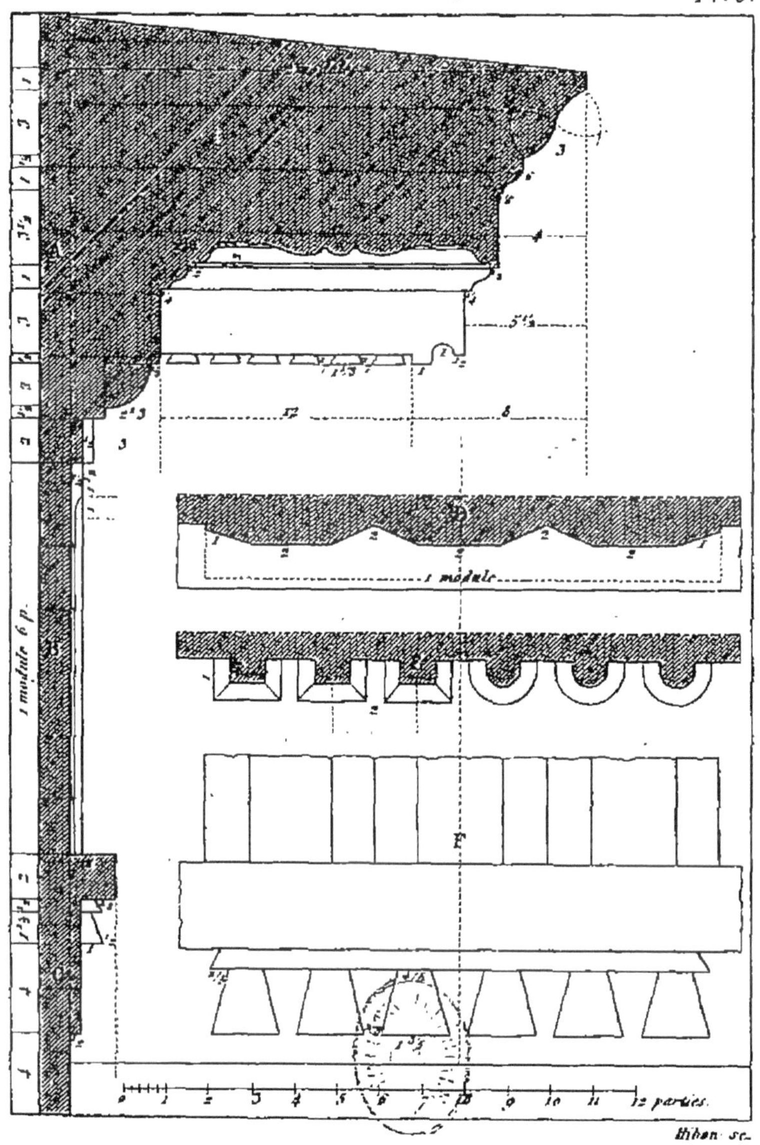
1 module
1 module 6 p.
12 parties.
Hibon sc.

Entablement denticulaire.
Corniche vue en Plafond.
Plan du Chapiteau.
Entablement denticulaire.
Entablement mutulaire.

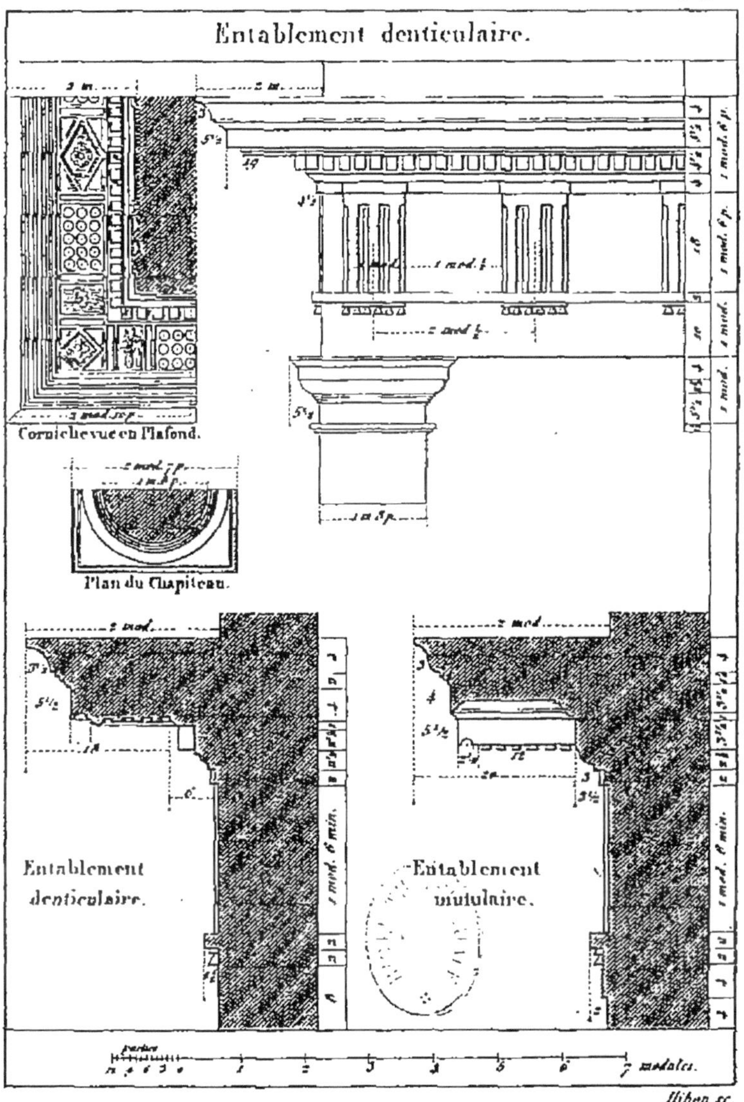

Hihon sc.

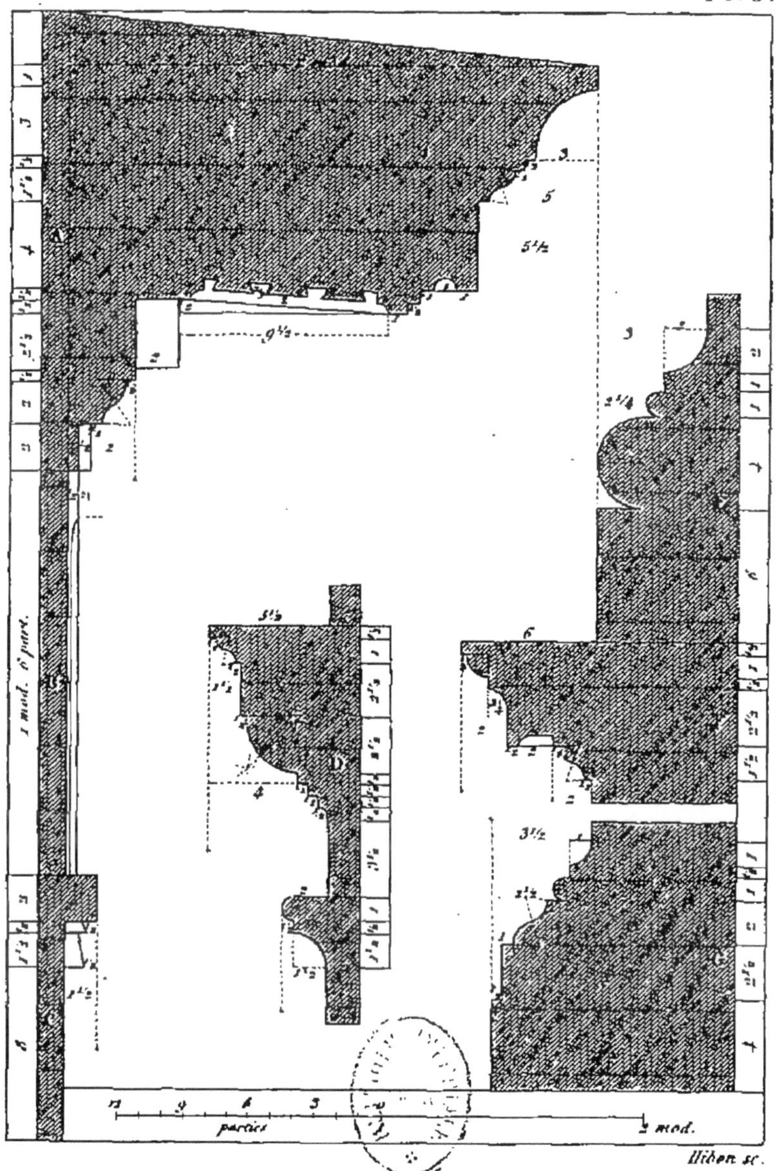
parties
½ mod.
Hibon sc.

Entablement et Piédestal.

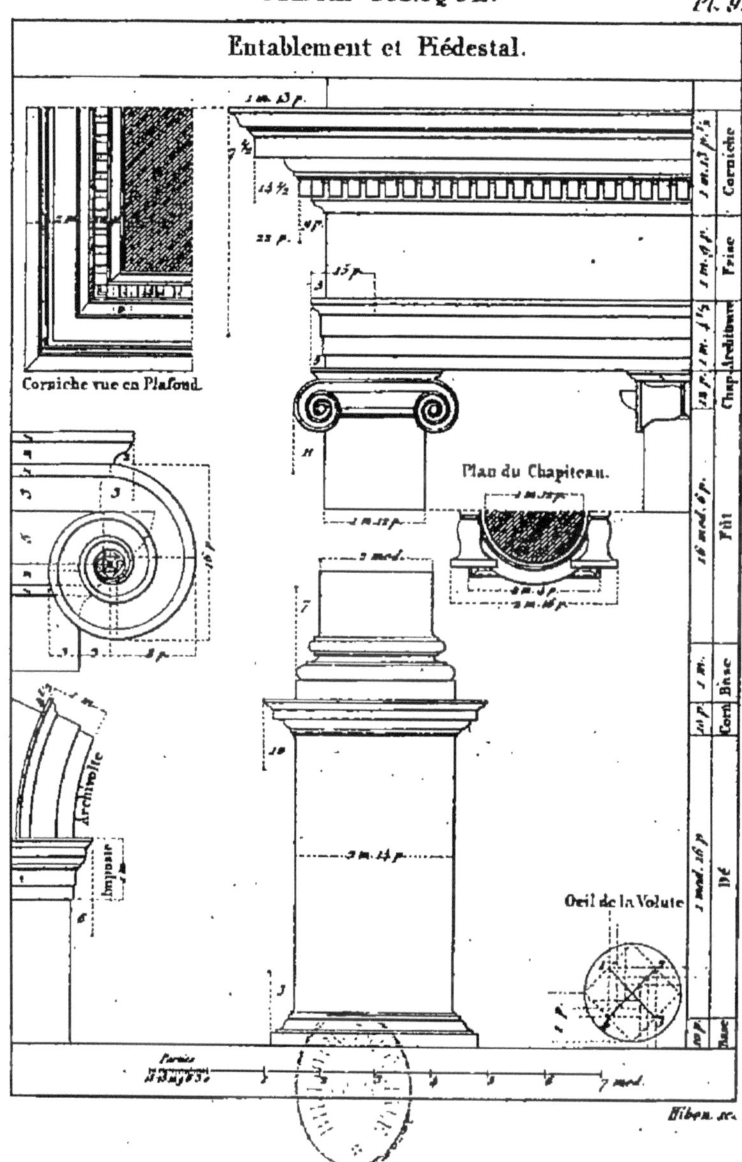

Hibon sc.

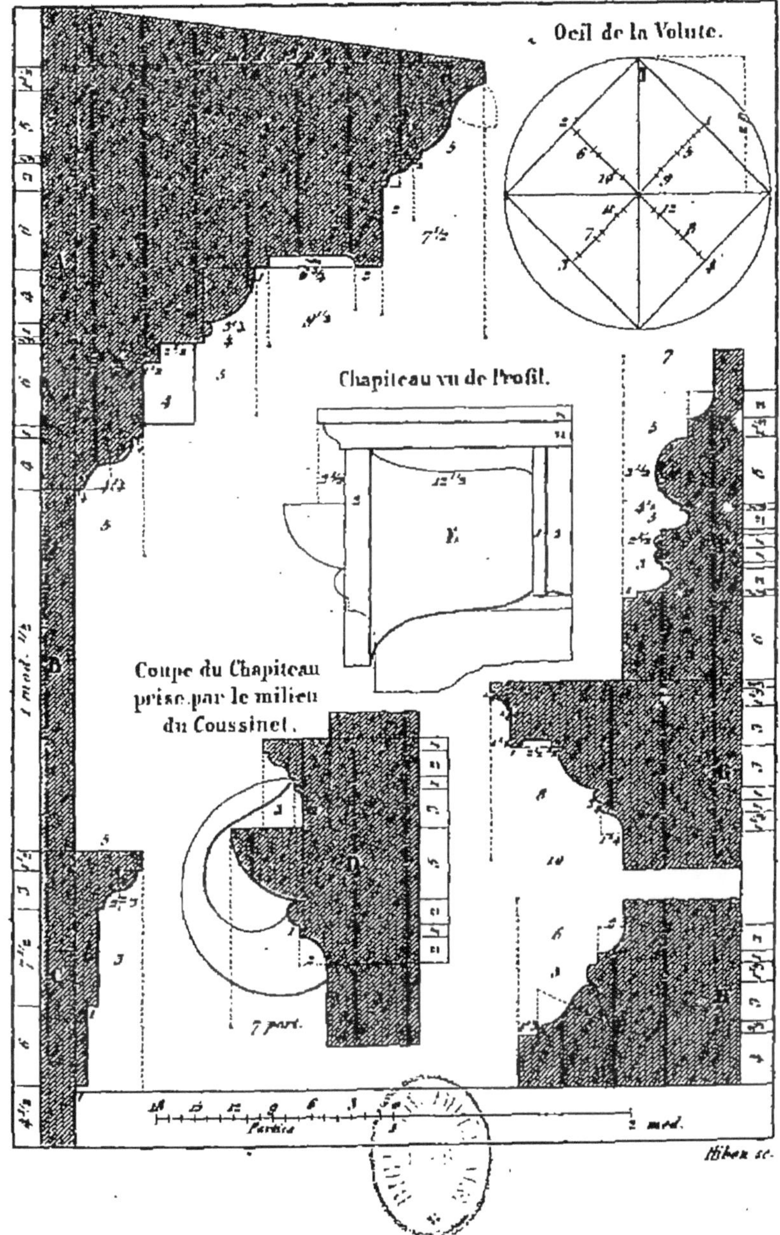
Oeil de la Volute.
Chapiteau vu de Profil.
Coupe du Chapiteau
prise par le milieu
du Coussinet.

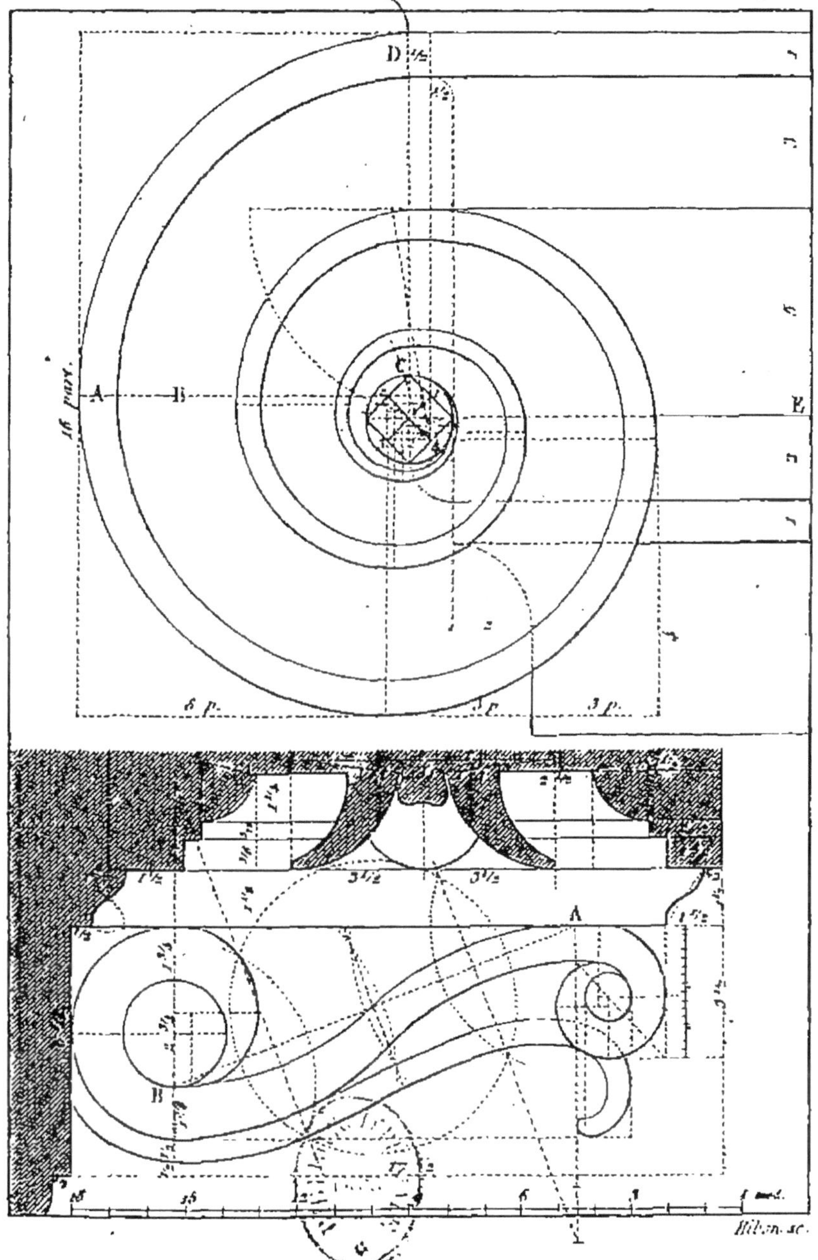

Hibon sc.

Entablement et Piédestal.

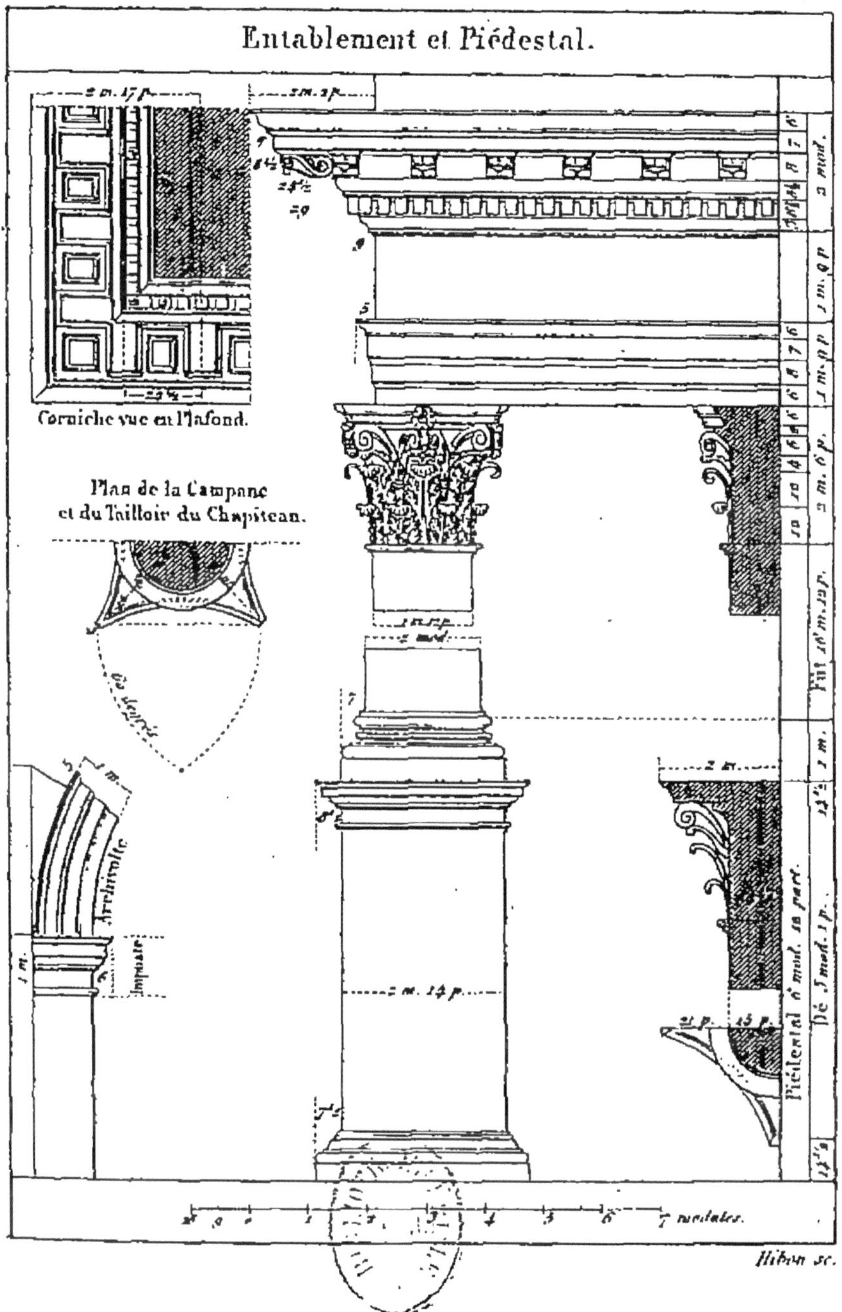

Hibon sc.

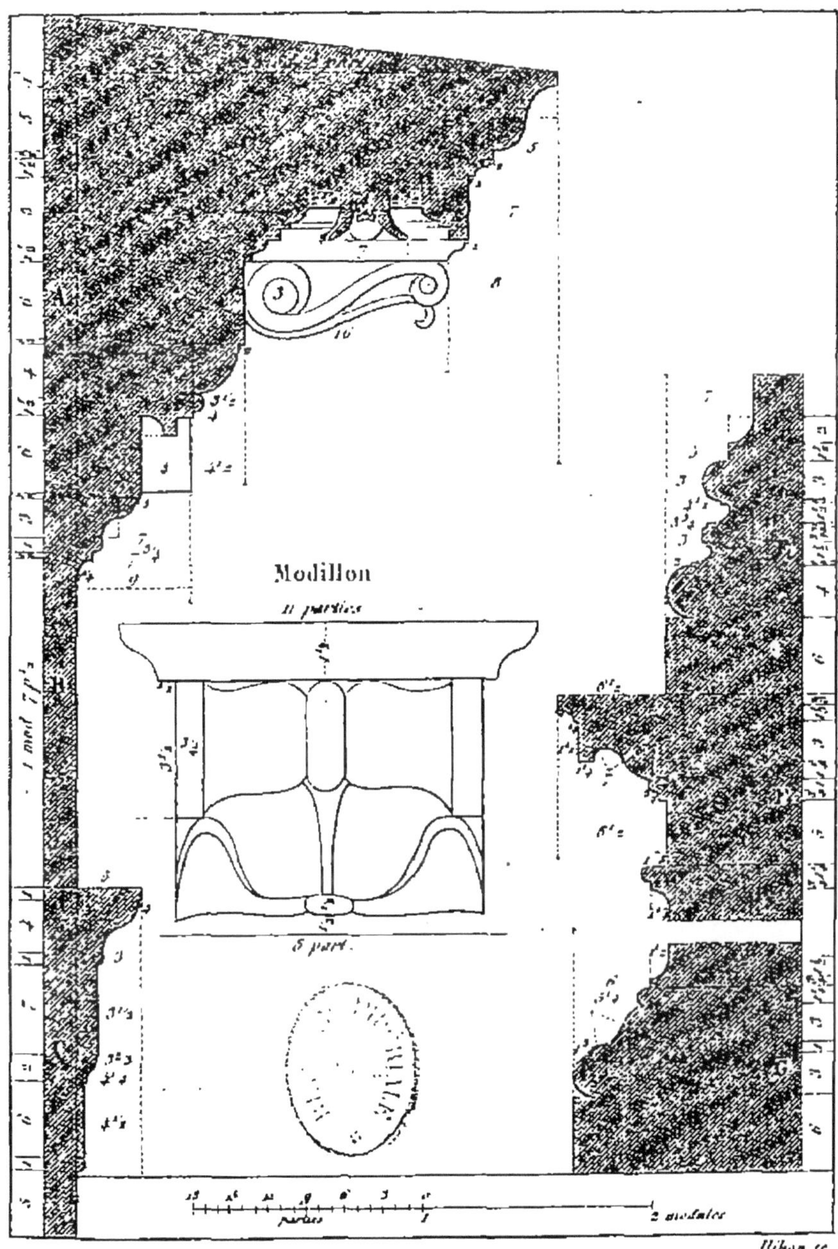
Modillon
Hibon sc.

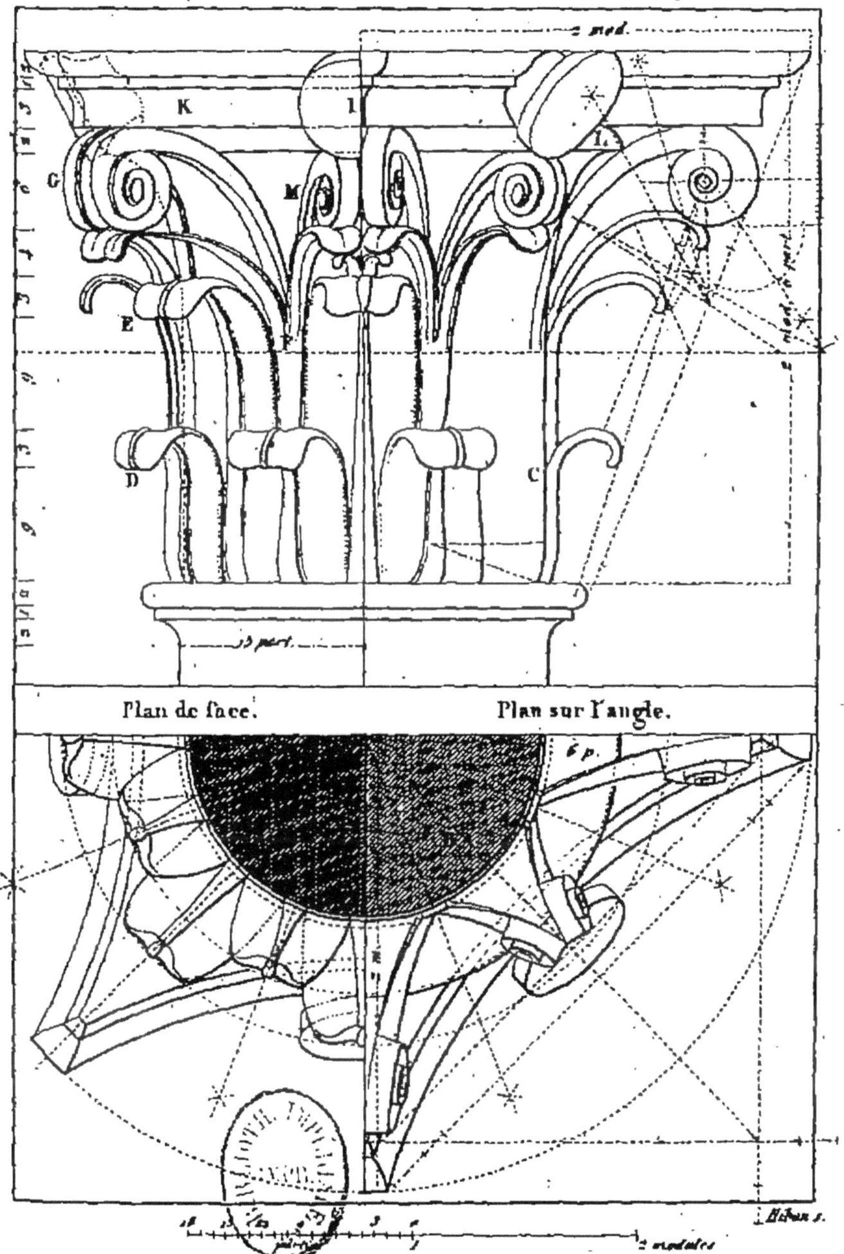
2 mod.
K
I
L.
G
M
E
D
C
Plan de face.
Plan sur l'angle.
6 p.
2 modules
Hibon s.

Entablement et Piédestal.

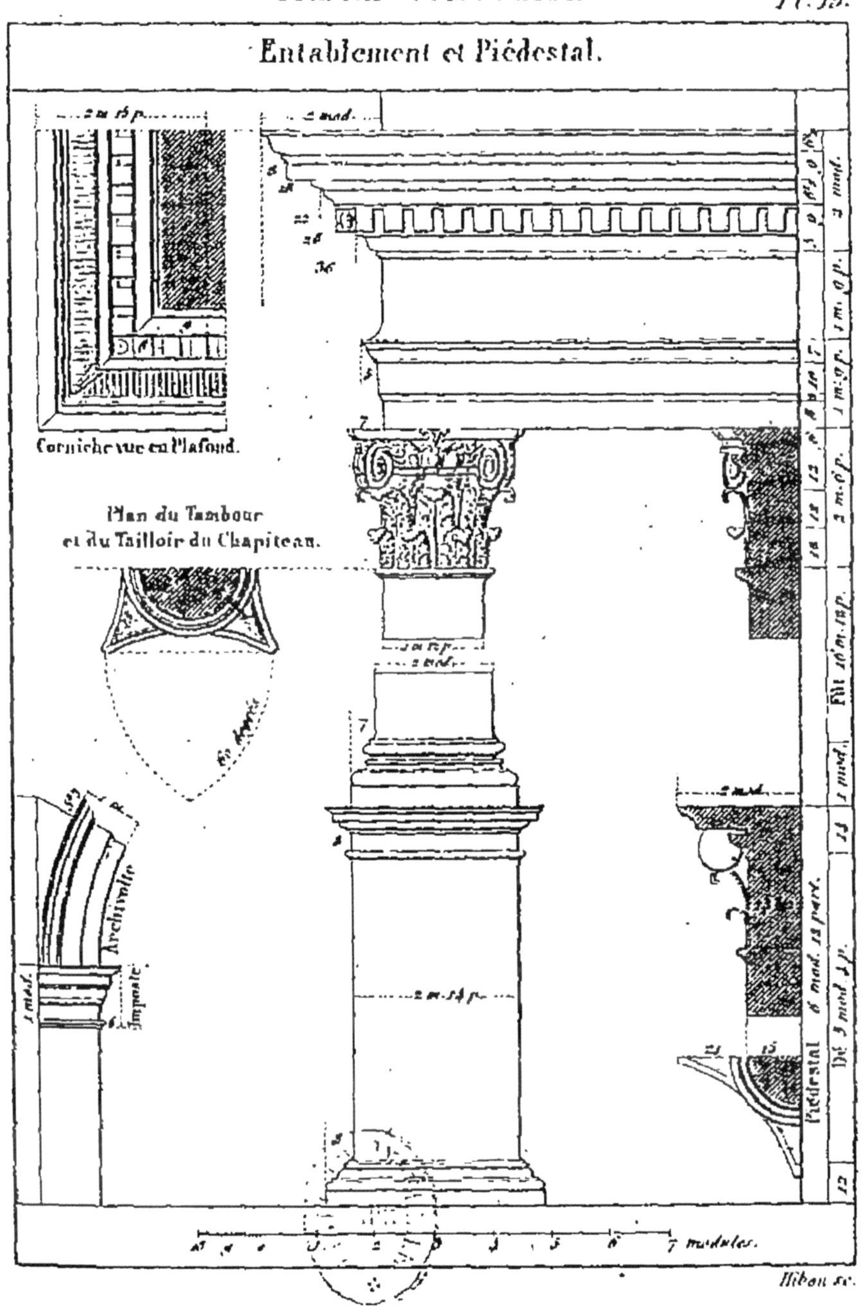

Hibon sc.

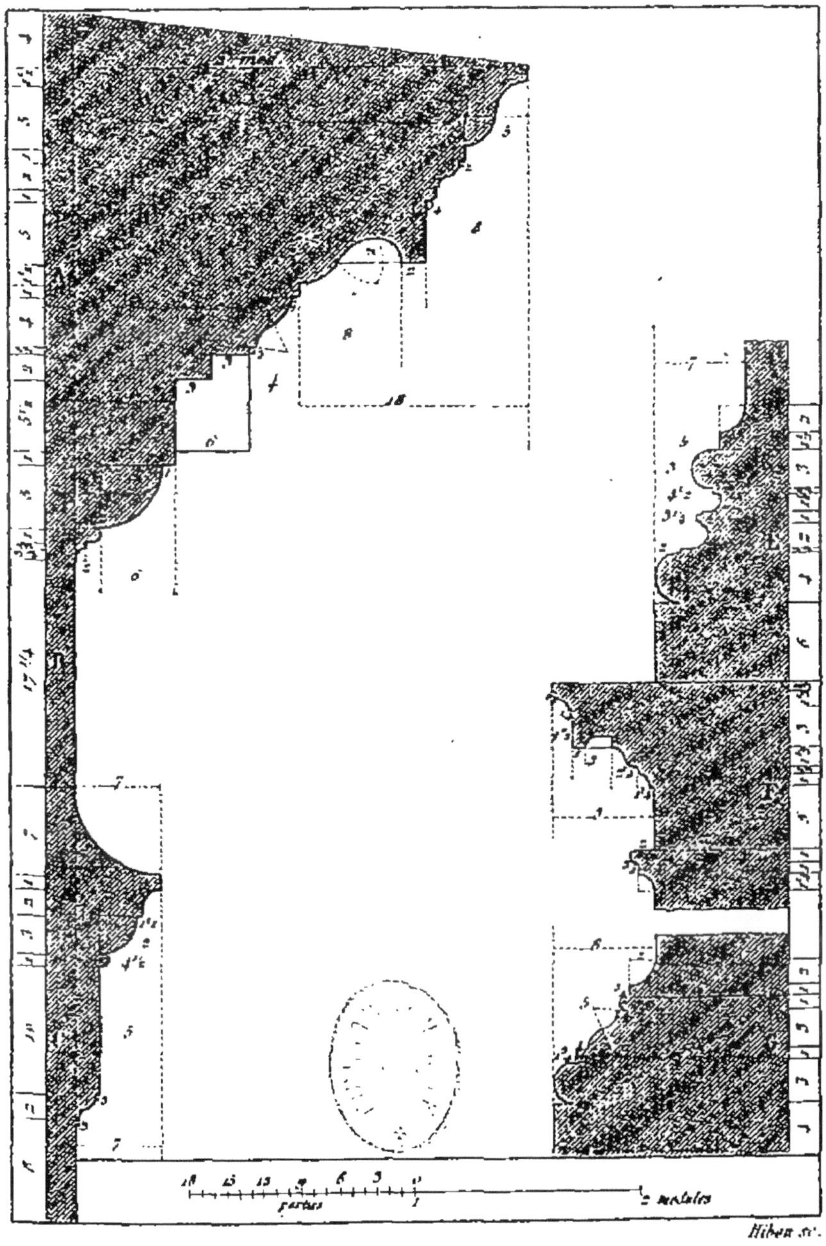

Hibon sc.

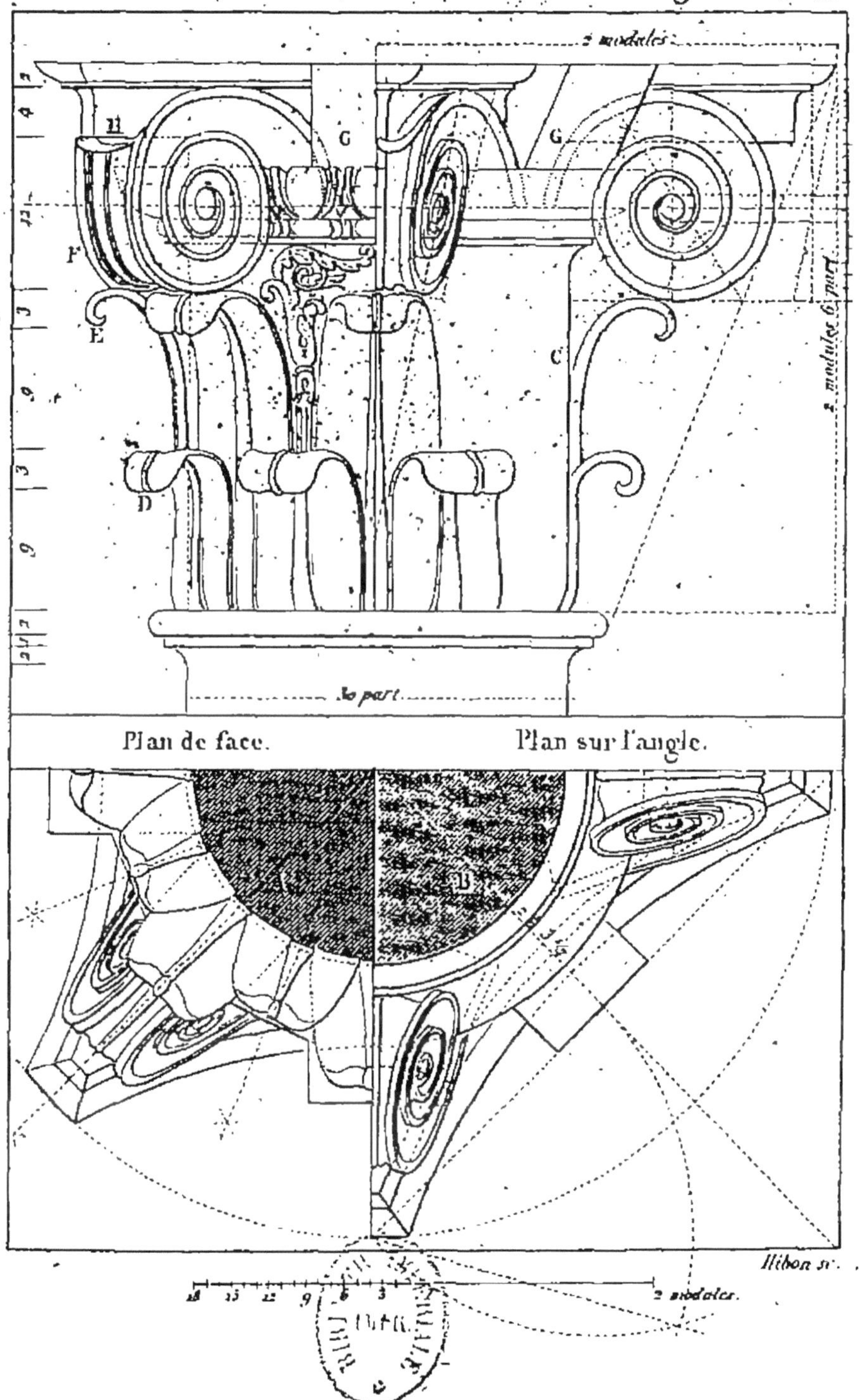
2 modules
2 modules 6 part.
H
G
G
F
E
C
D
10 part.
Plan de face.
Plan sur l'angle.
D
18 15 12 9 6 3 2 modules
Hibon sc.

Gradation des ORDRES pour obtenir un accord proportionnel entr'eux.
PL. 18.
TOSCAN.
DORIQUE.
IONIQUE.
CORINTHIEN.
CORINTHIEN DE PALLADIO.
Entablement
Colonne
Piédestal
Dibon sc.

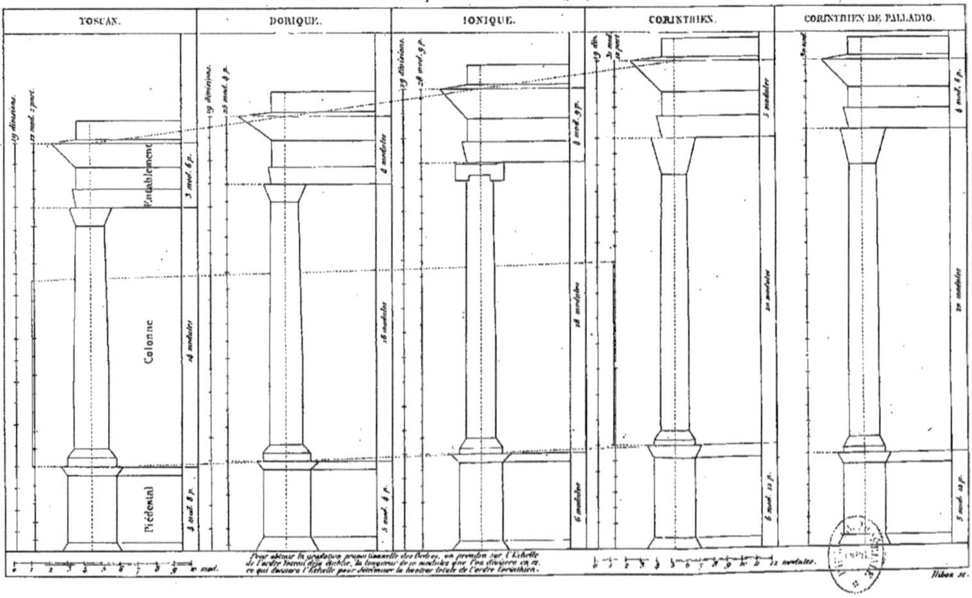

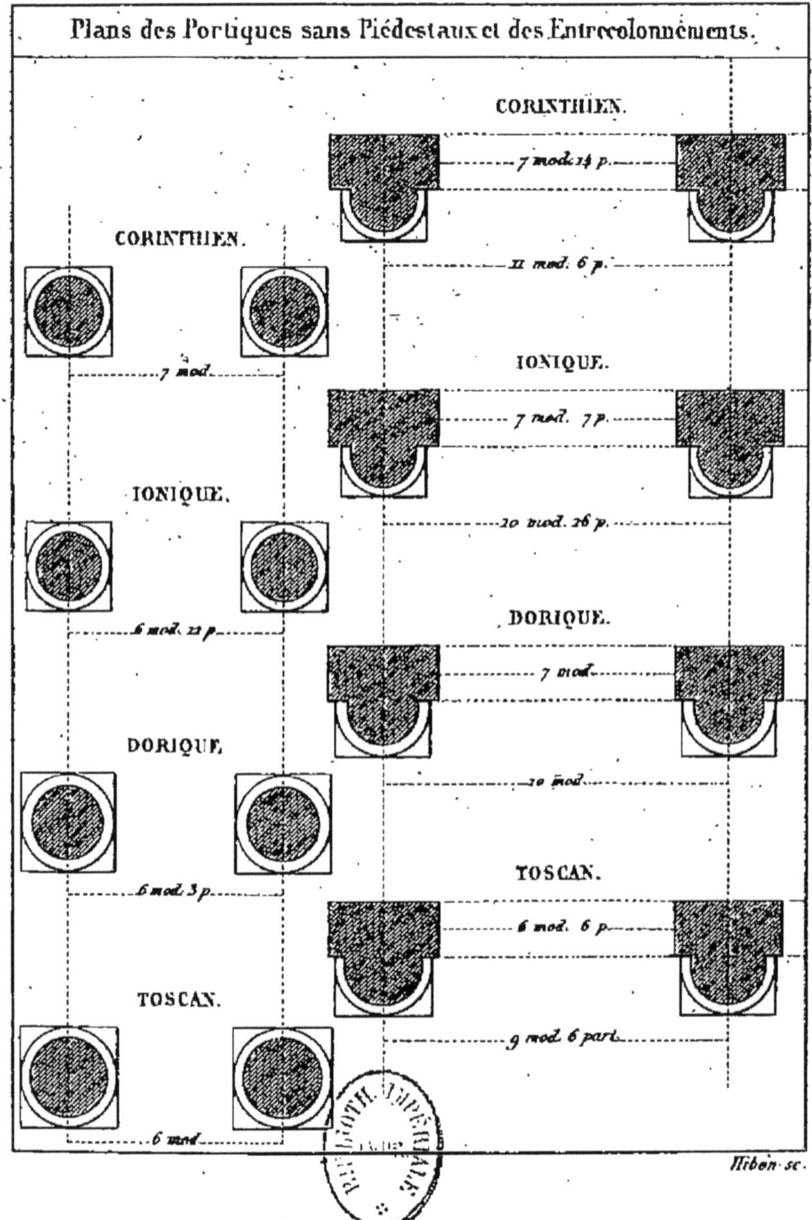
Plans des Portiques sans Piédestaux et des Entrecolonnements.
CORINTHIEN.
7 mod. 14 p.
11 mod. 6 p.
CORINTHIEN.
7 mod.
IONIQUE.
7 mod. 7 p.
10 mod. 16 p.
IONIQUE.
6 mod. 11 p.
DORIQUE.
7 mod.
10 mod.
DORIQUE.
6 mod. 3 p.
TOSCAN.
6 mod. 6 p.
9 mod. 6 part.
TOSCAN.
6 mod.
Hiben sc.

ORDRE TOSCAN.

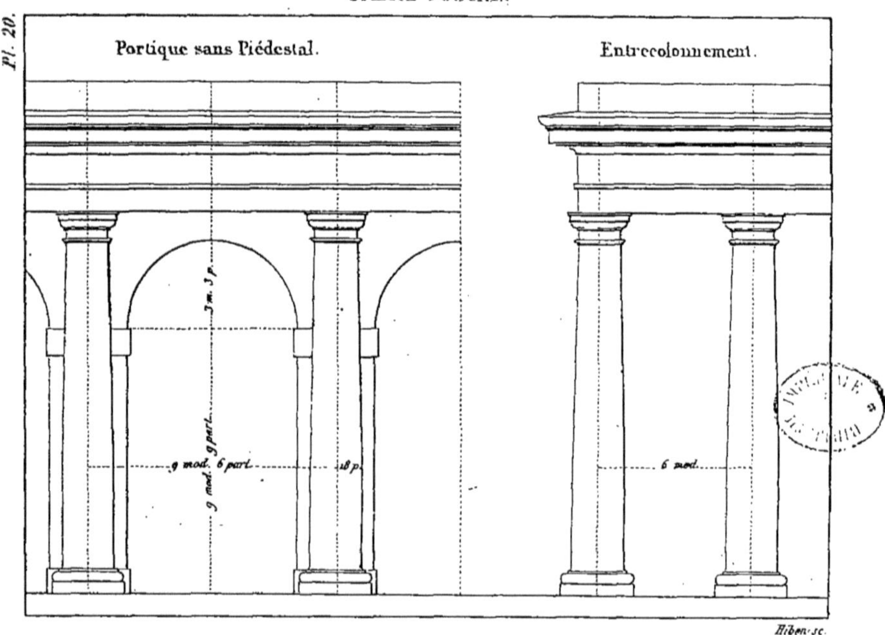

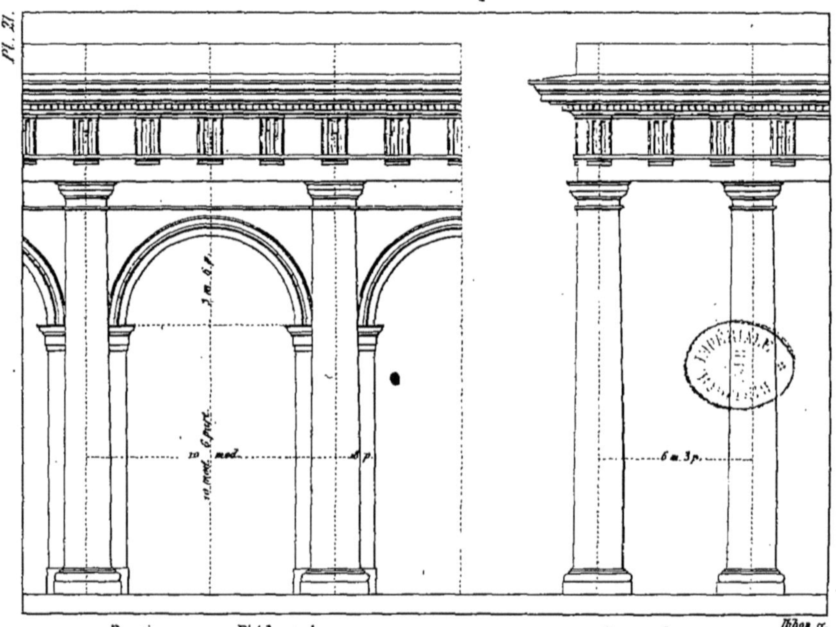

Pl. 21.
Portique sous Piédestal.
Entrecolonnement.
Thibon sc.

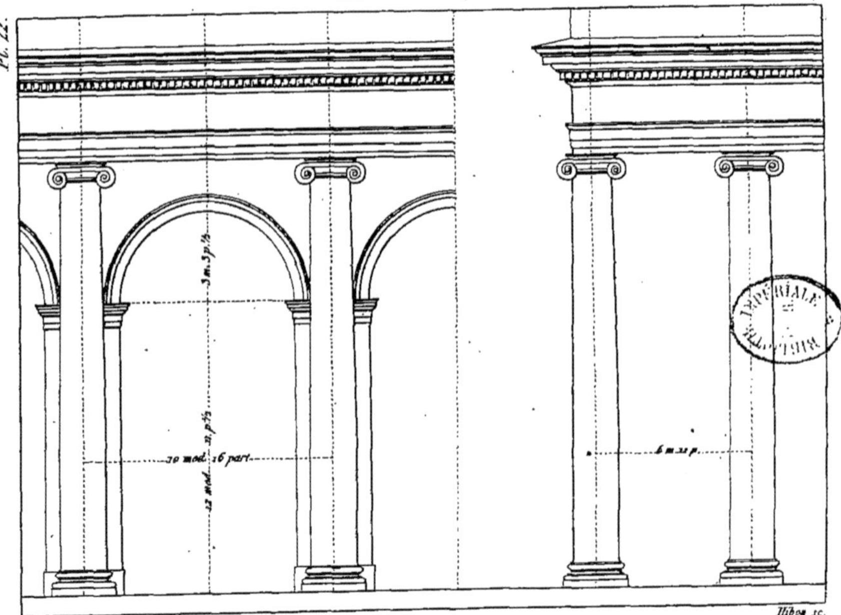
Pl. 22.
Portique sans Piédestal.
Entrecolonnement.

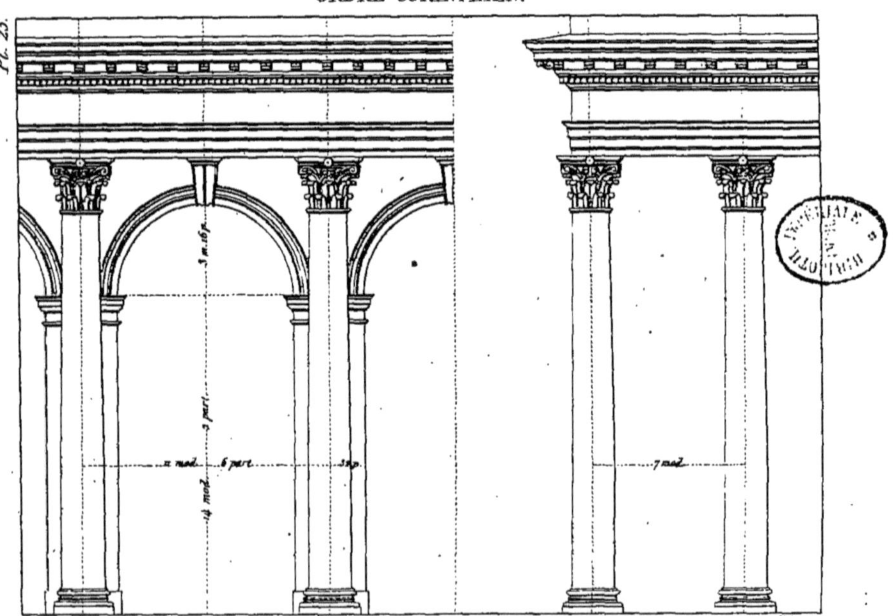
Pl. 23.
Portique sans Piédestal.
Entrecolonnement.

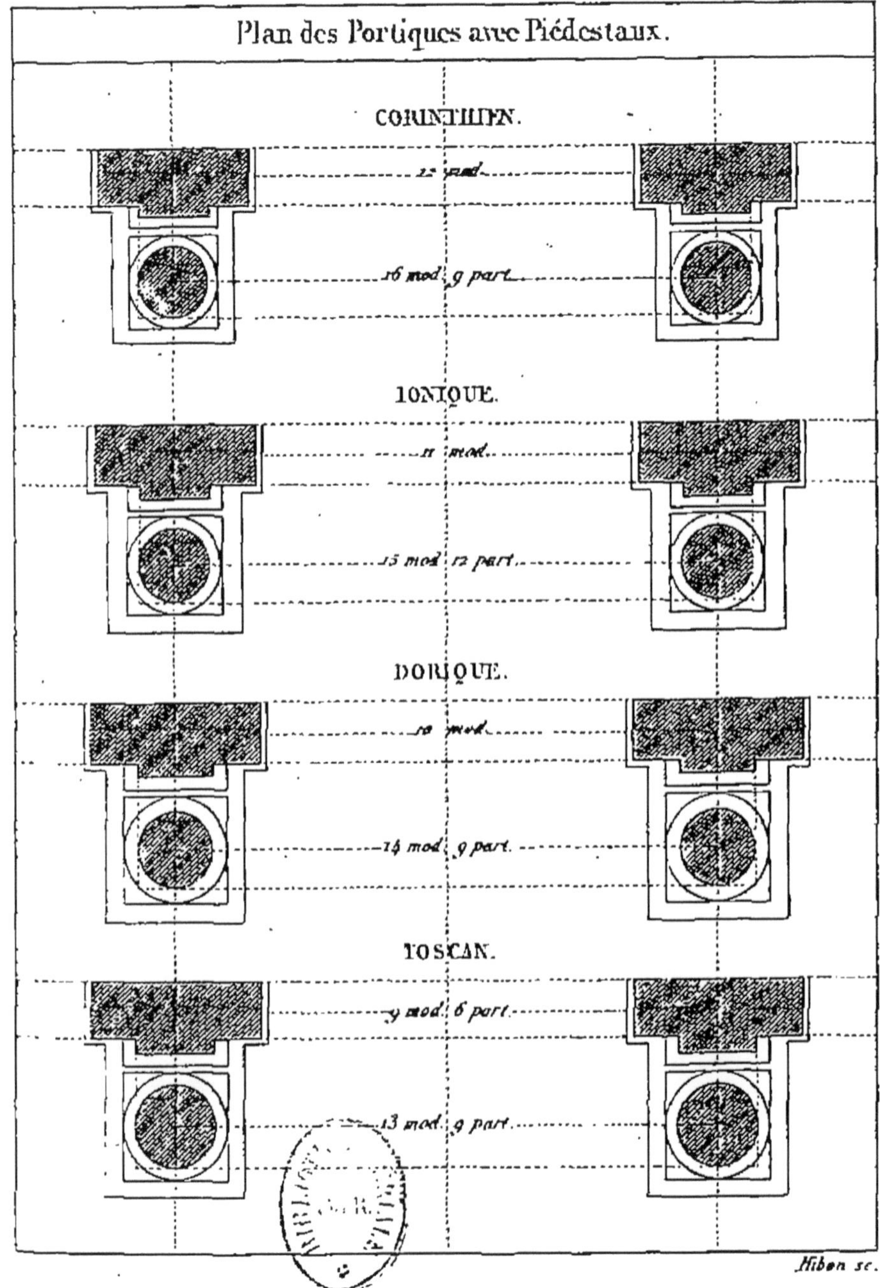

Plan des Portiques avec Piédestaux.
CORINTHIEN.
12 mod.
16 mod. 9 part.
IONIQUE.
11 mod.
15 mod. 12 part.
DORIQUE.
10 mod.
14 mod. 9 part.
TOSCAN.
9 mod. 6 part.
13 mod. 9 part.
Hibon sc.

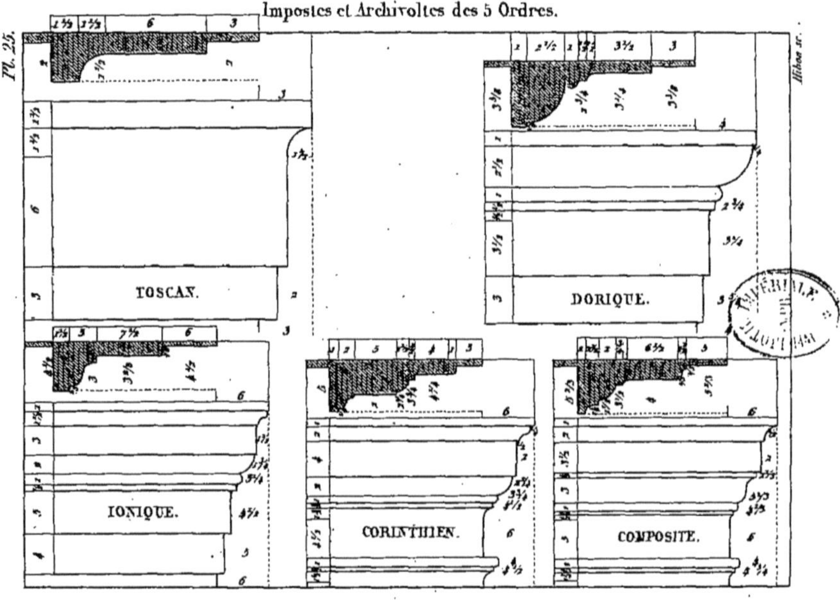
Pl. 25.
Impostes et Archivoltes des 5 Ordres.
TOSCAN.
DORIQUE.
IONIQUE.
CORINTHIEN.
COMPOSITE.

Portique avec Piédestal.

Hibon sc.

Portique avec Piédestal.

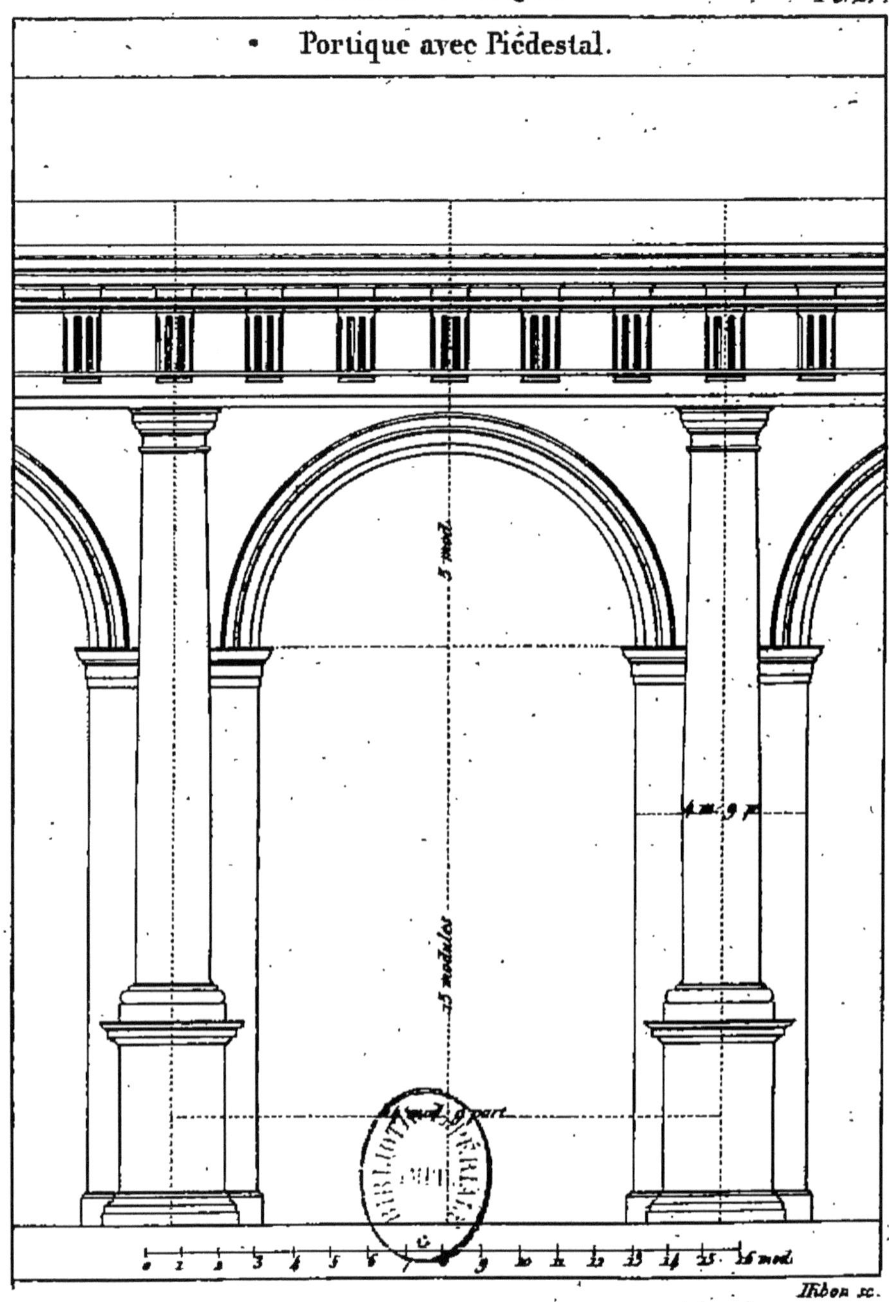

Hiben sc.

Portique avec Piédestal.

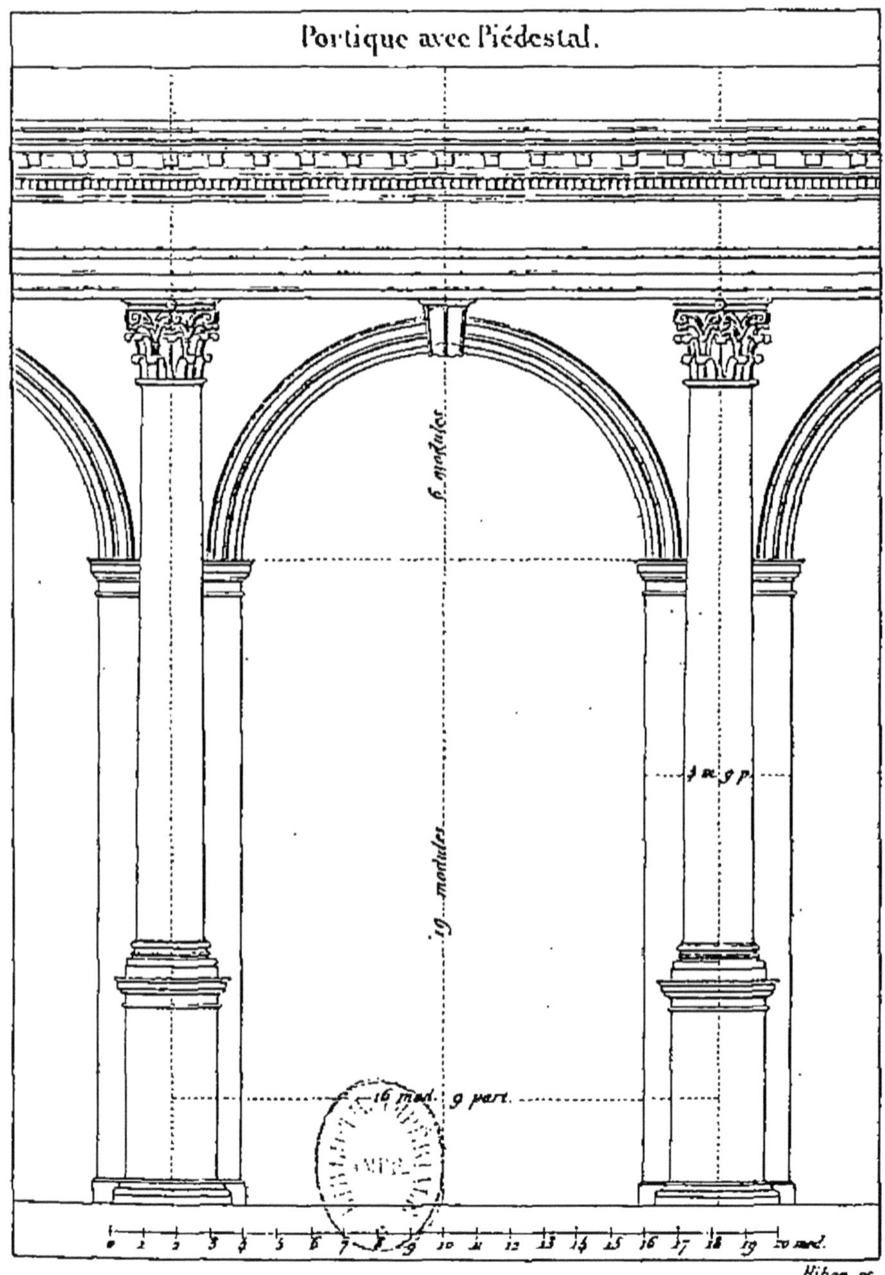

Hibon sc.

Entablement et Plafond.

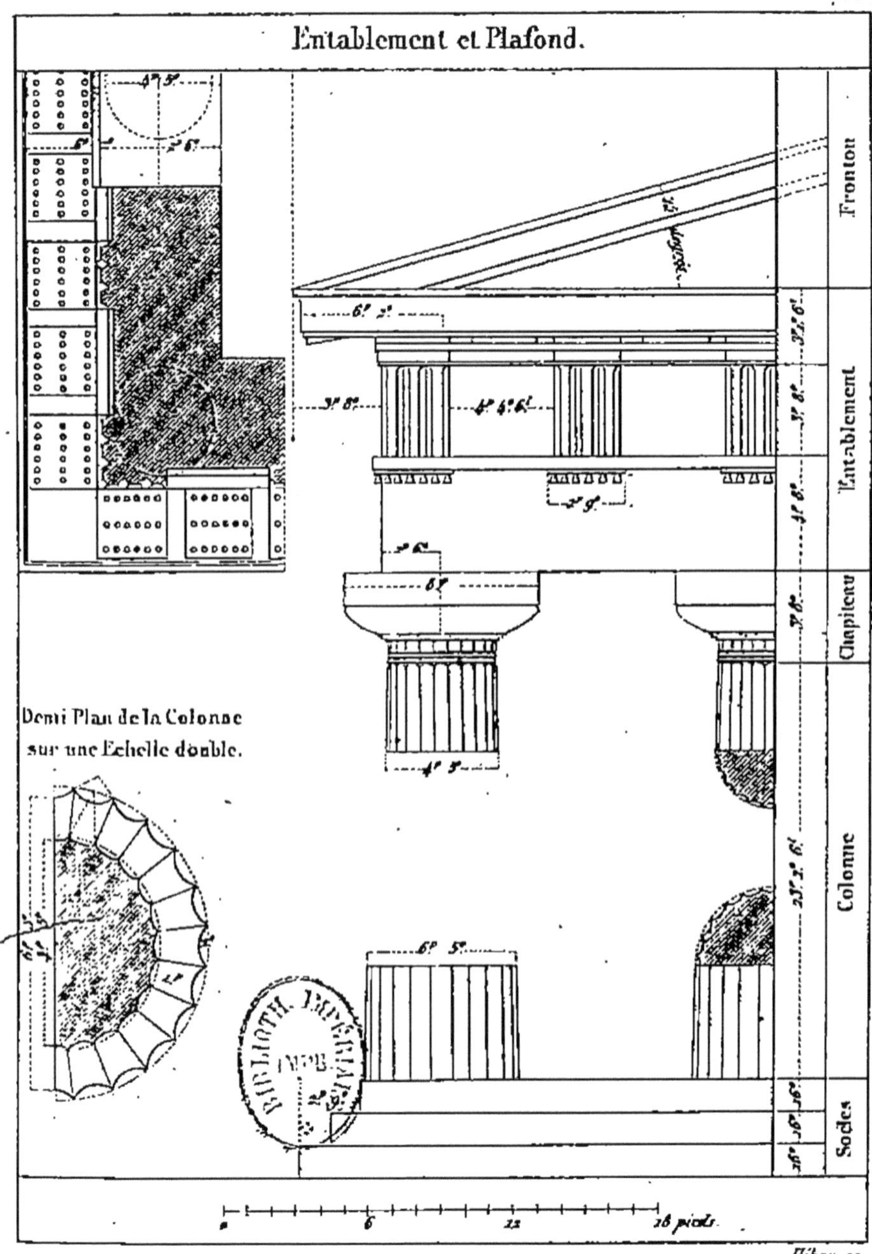

Pibou sc.

Détails de l'Entablement et du Chapiteau.

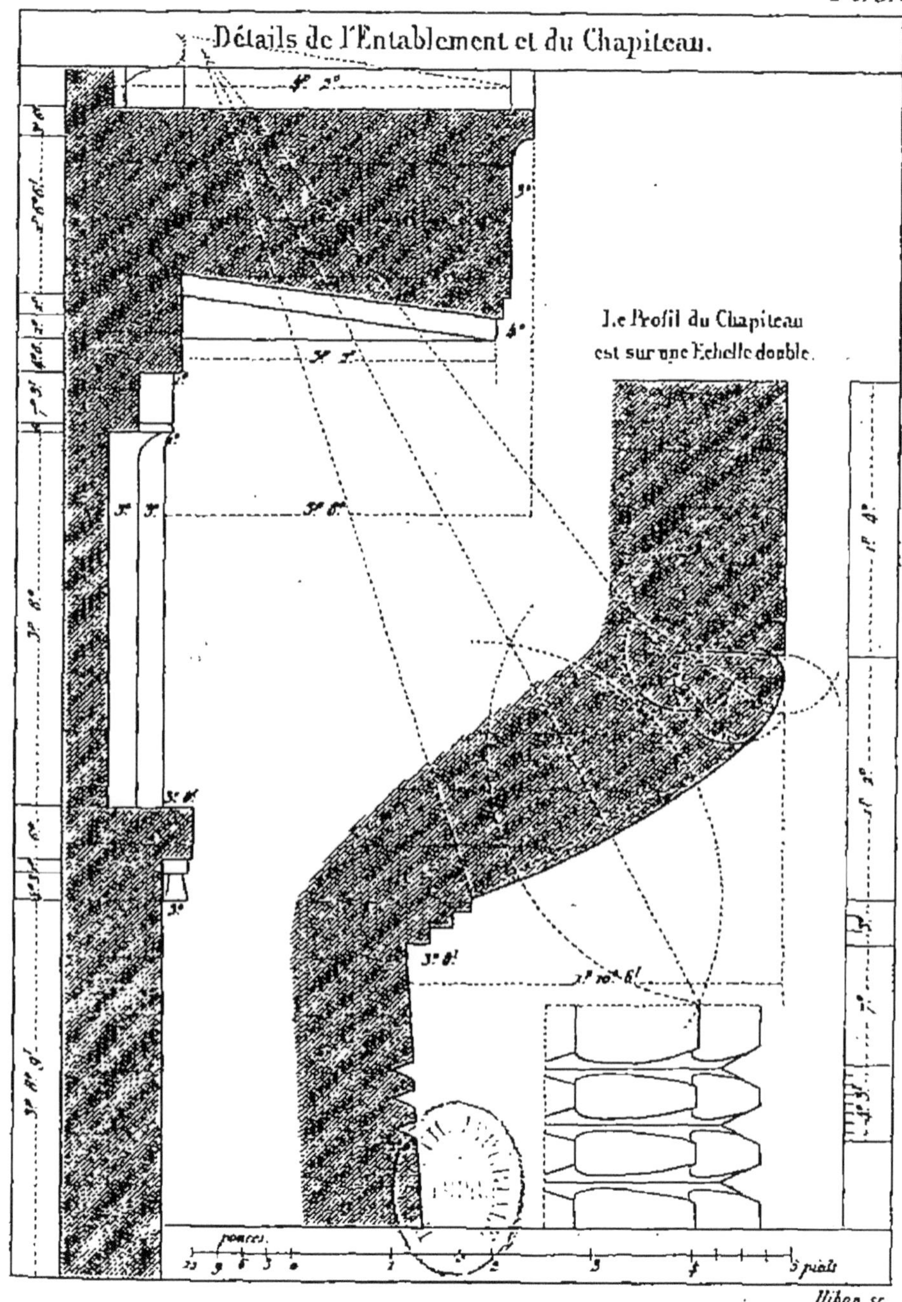

Hibon sc.

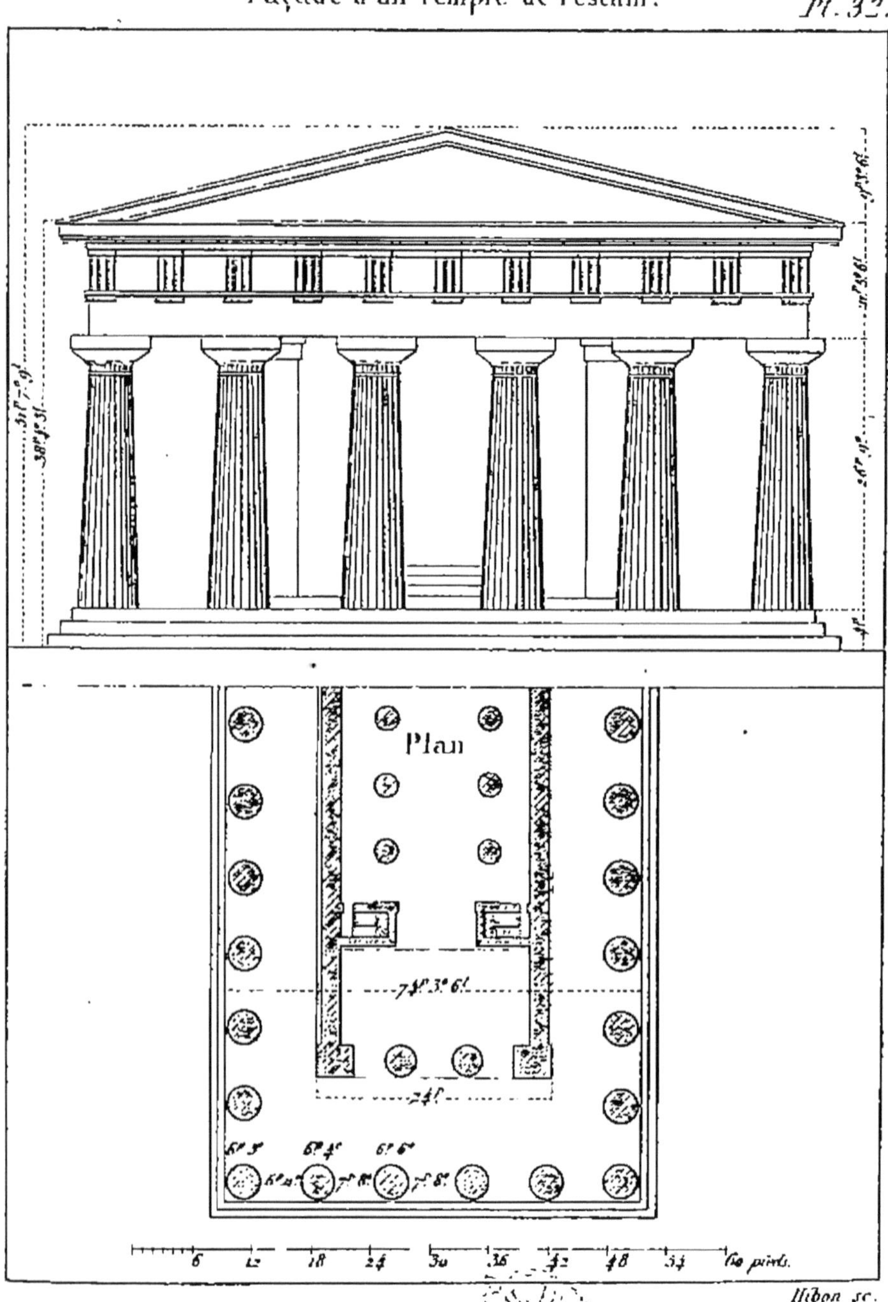
Plan
6 12 18 24 30 36 42 48 54 60 pieds.
Hibon sc.

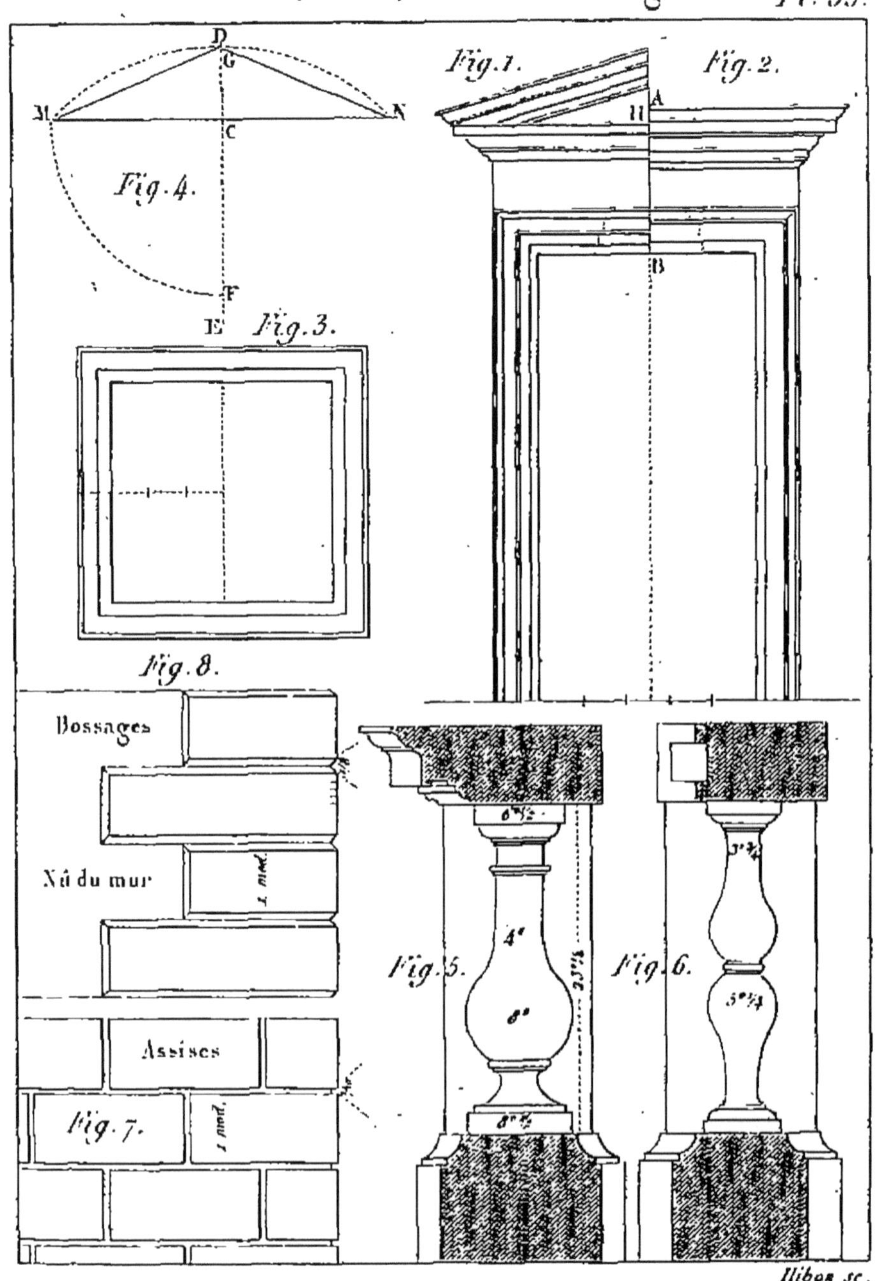

Fig. 1.
Fig. 2.
Fig. 4.
Fig. 3.
Fig. 8.
Bossages
Nu du mur
Assises
Fig. 7.
Fig. 5.
Fig. 6.
D
G
M
N
C
F
E
A
B
Hibon sc.

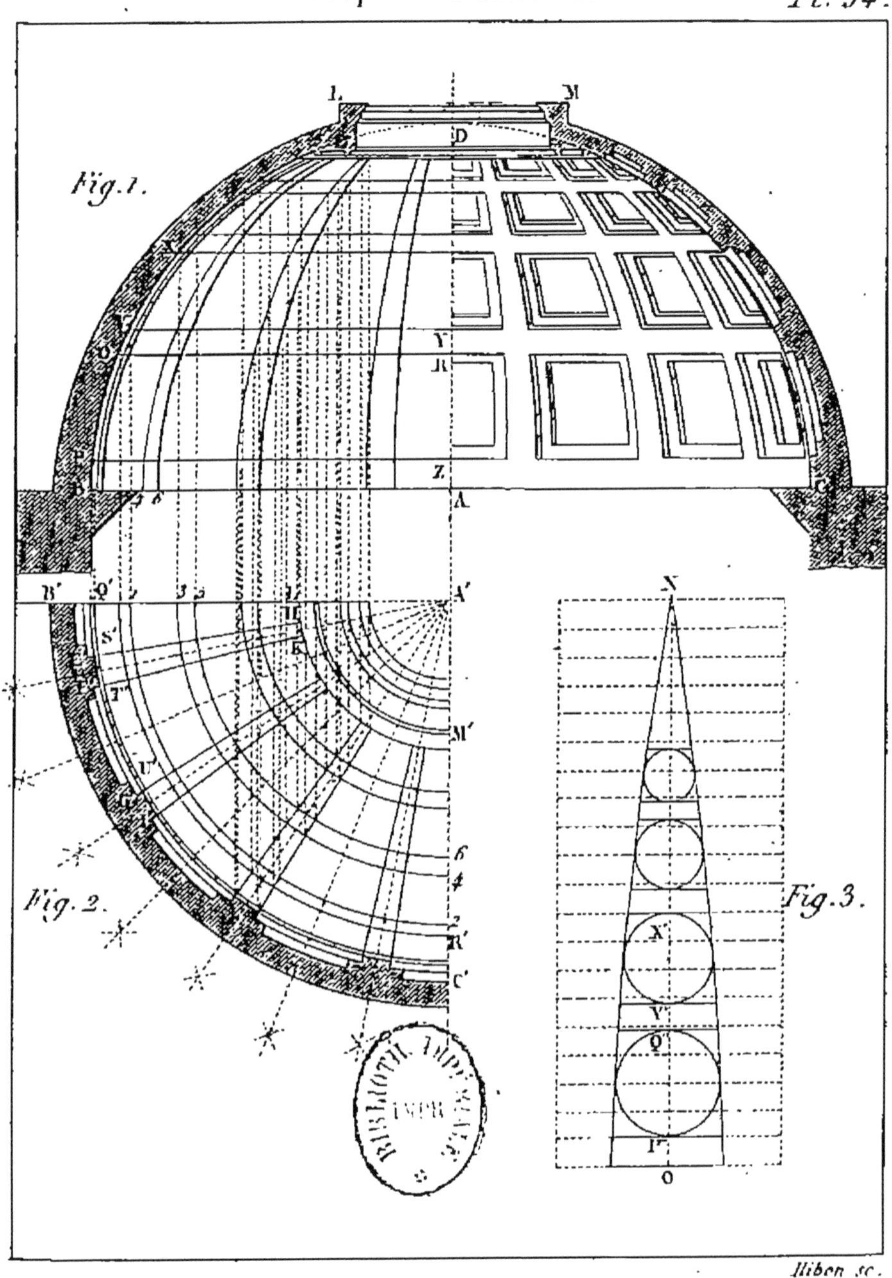

Hiben sc.

Manière de galber les Colonnes.

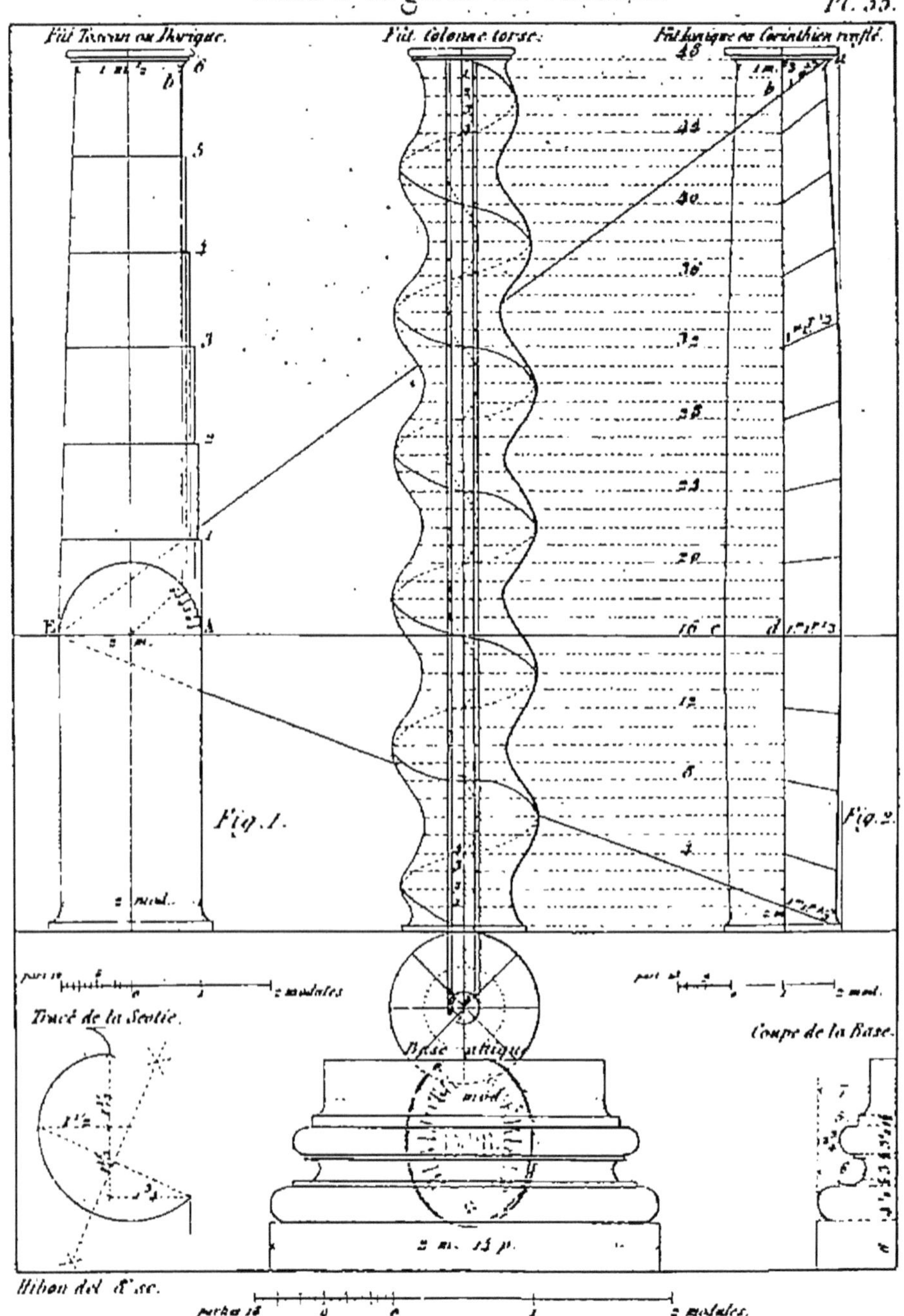

Hibon del. & sc.

Porte d'Eglise à Rome.

Porte du Salon du Palais Farnèse.

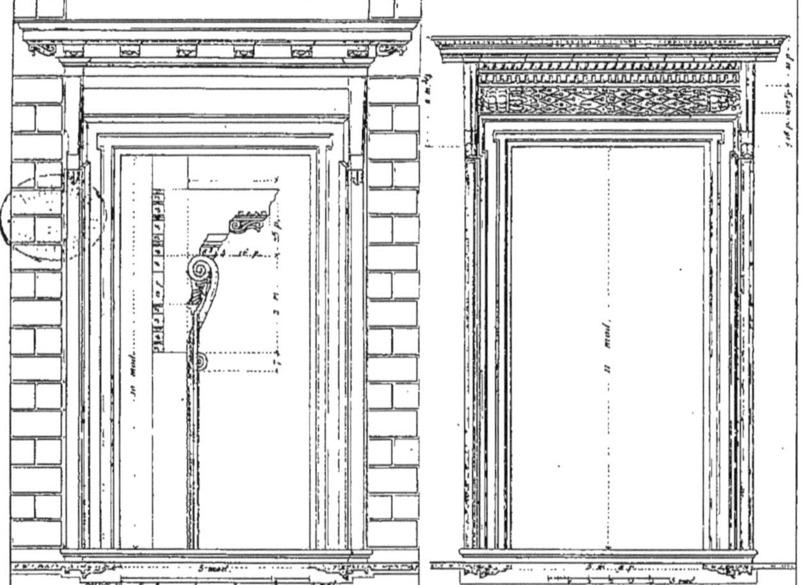

Hibon del. & sc.

Colonne divisée en cinq
Colonne divisée en quatre
6 diamètre
6 architrave
6 diamètre
Fig. 1.
Fig. 2.
Fig. 3.
Fig. 6.
Fig. 5.
Fig. 4.
Fig. 7.
Fig. 8.
Fig. 9.

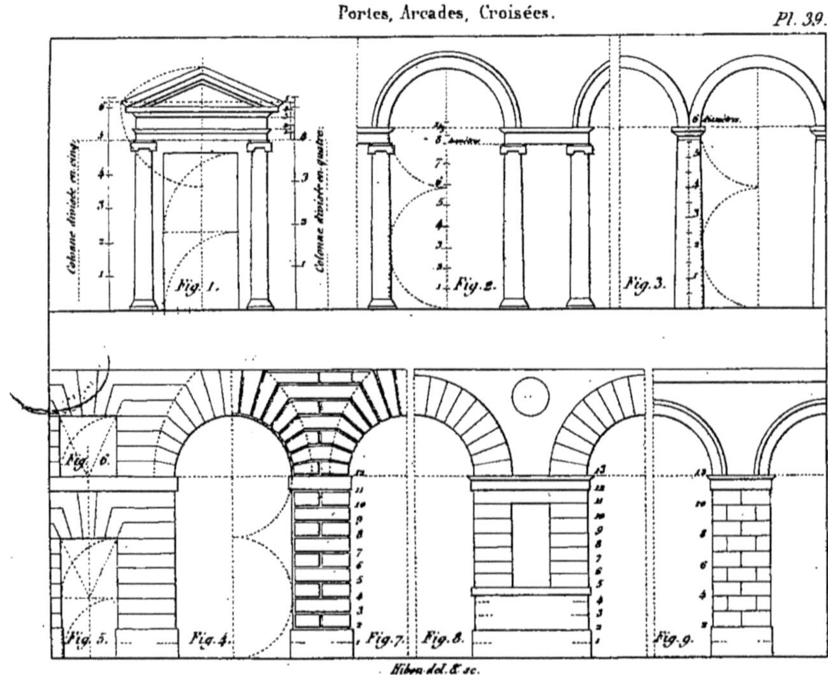

Hibon del. & sc.

Hibon del. & sc.

Doucine renversée.

Cavet.

Oves.

Talons.

Talons.

Pl. 42

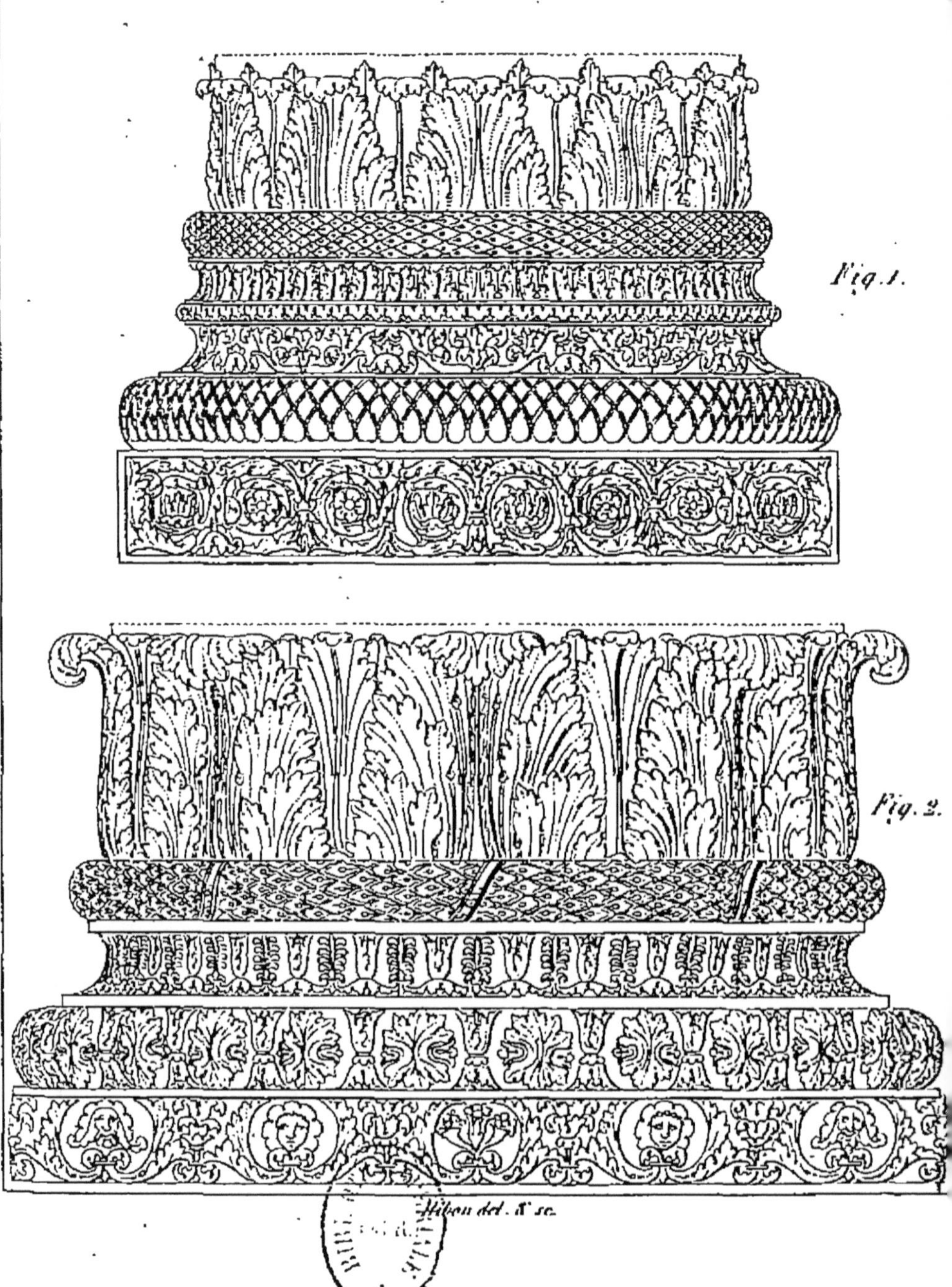

Fig. 1.

Fig. 2.

Hibon del. & sc.

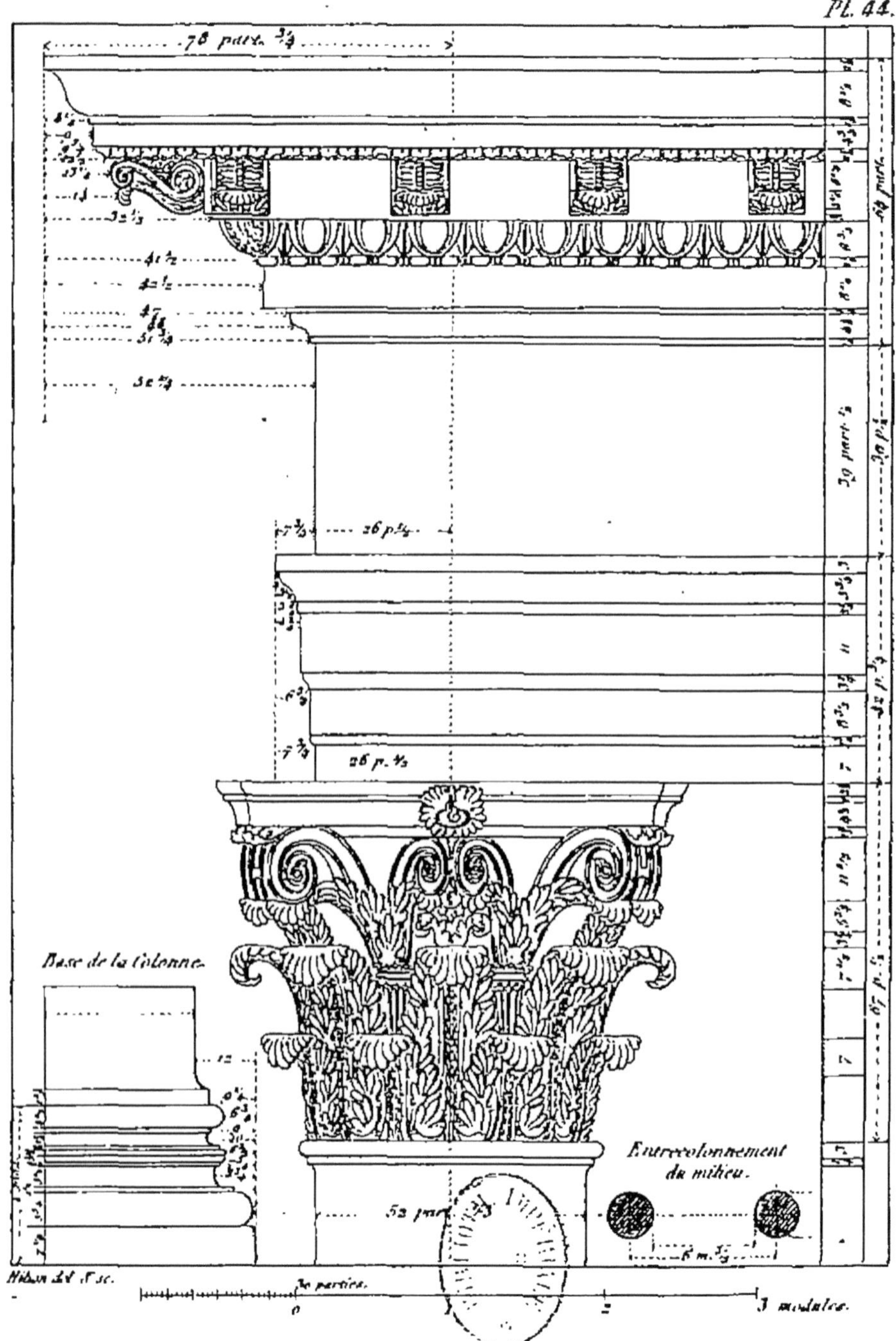
Base de la colonne.
Entrecolonnement du milieu.

Hibon del. et sc.

Pl. 46.

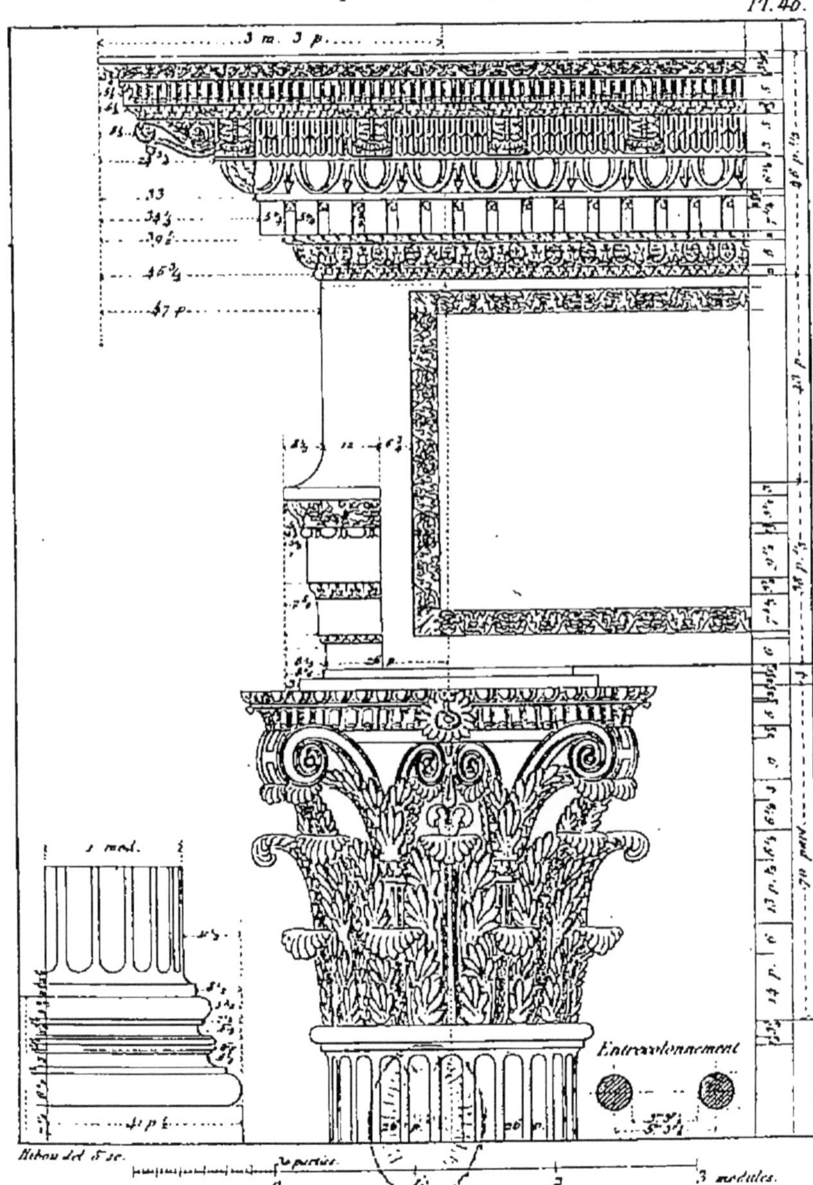

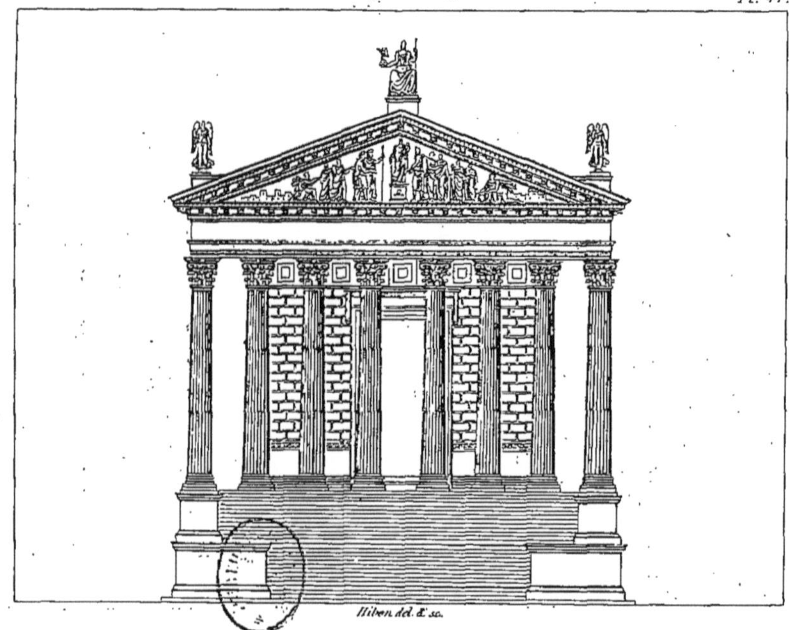

Hiben del. & sc.

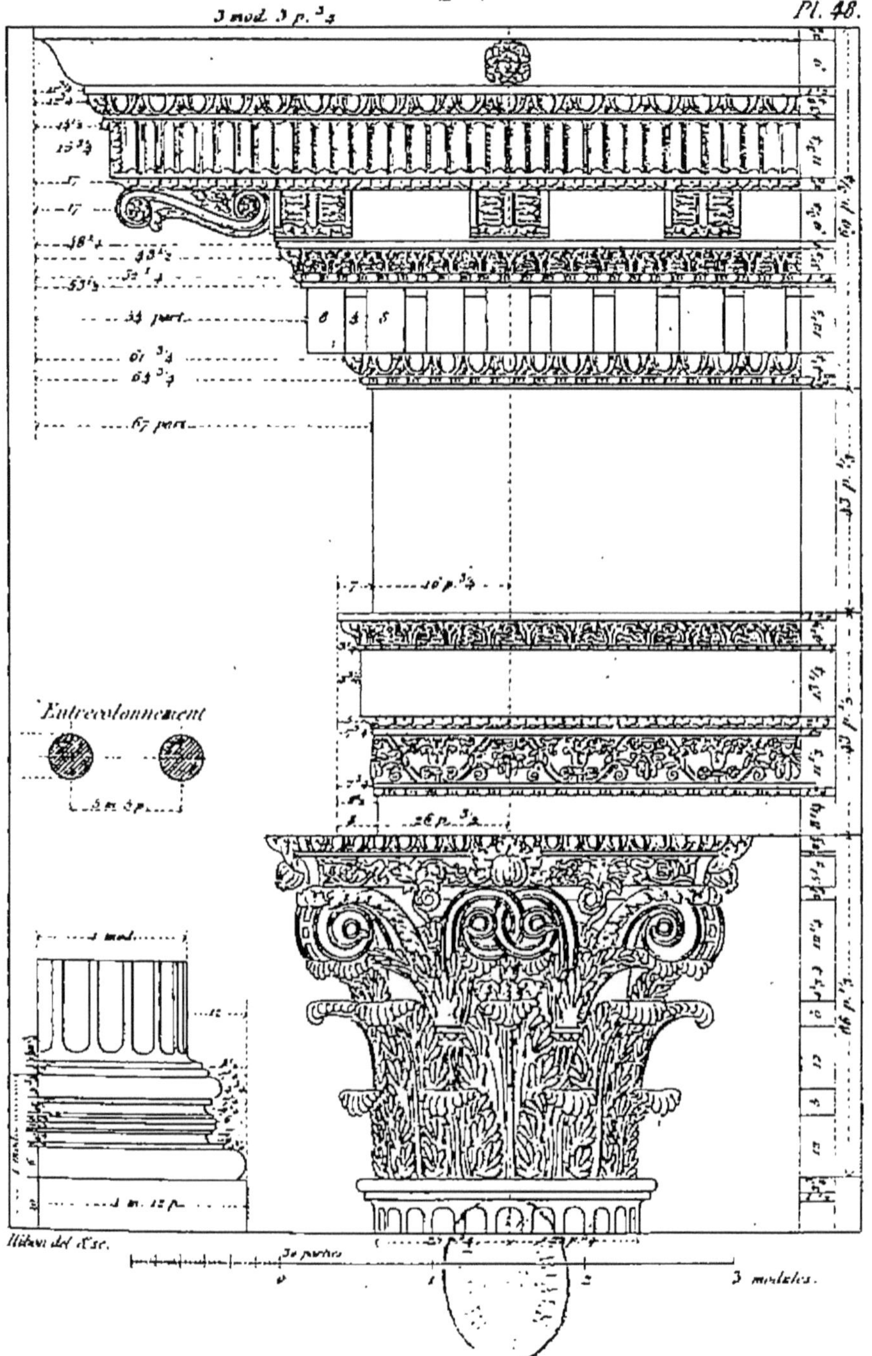
Entrecolonnement

Temple de Minerve ou du Parthénon à Athènes.
Pl. 49.

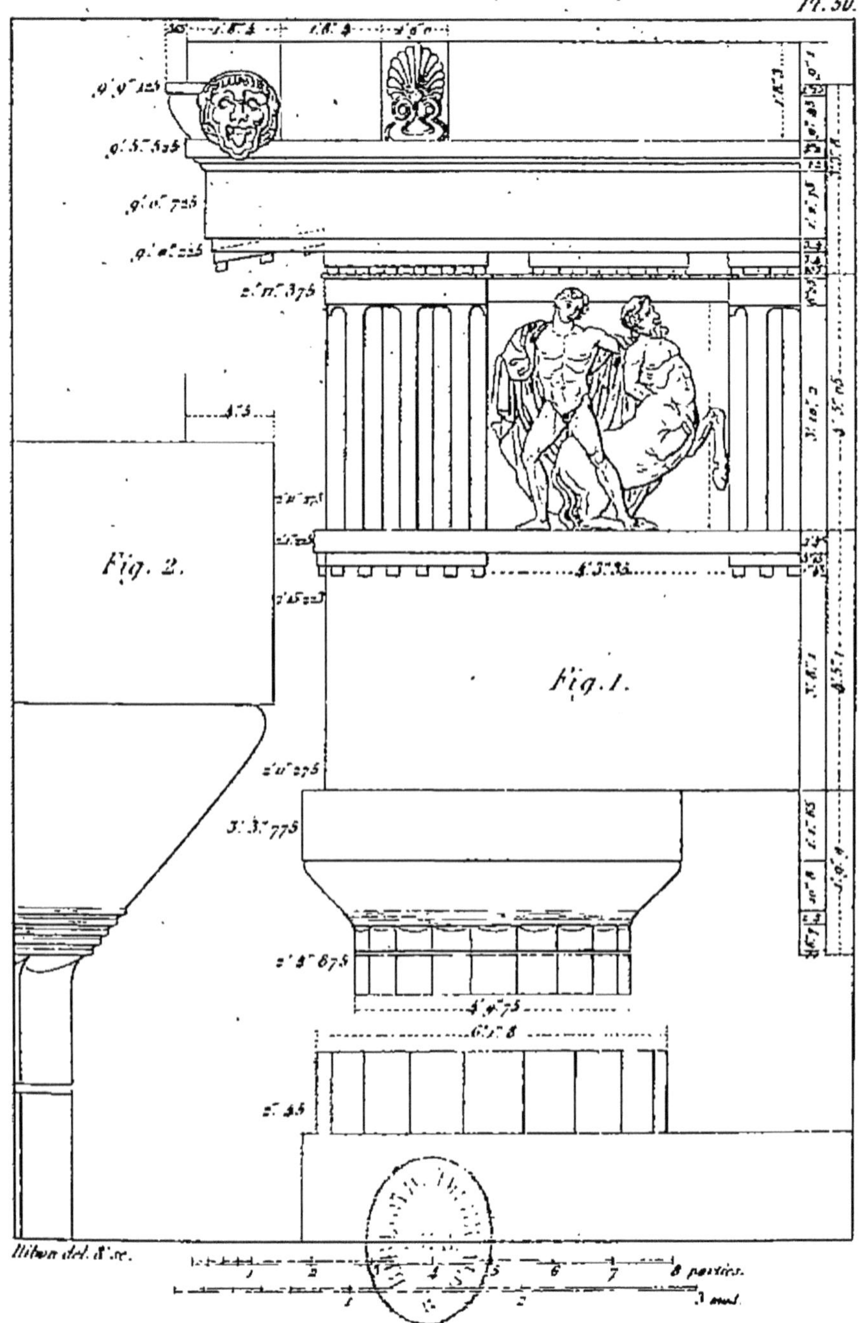

Fig. 2.
Fig. 1.
parties.
mèt.

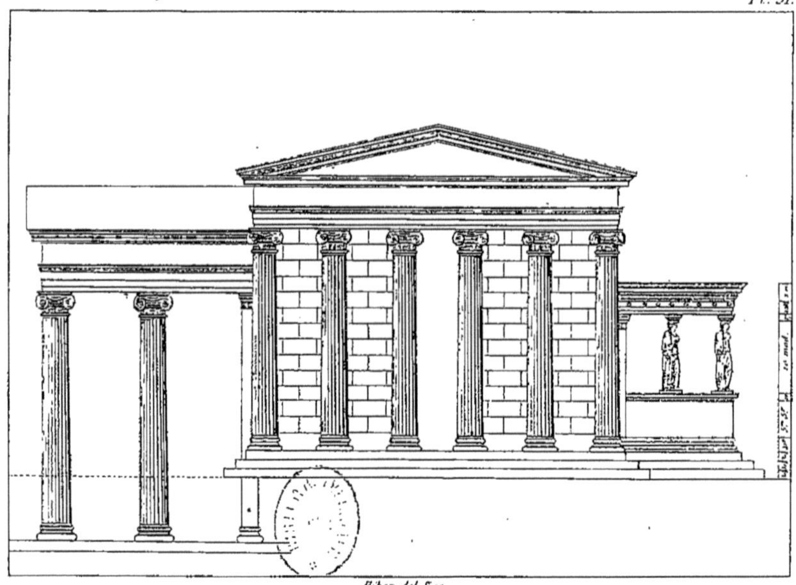

Hiben del. & sc

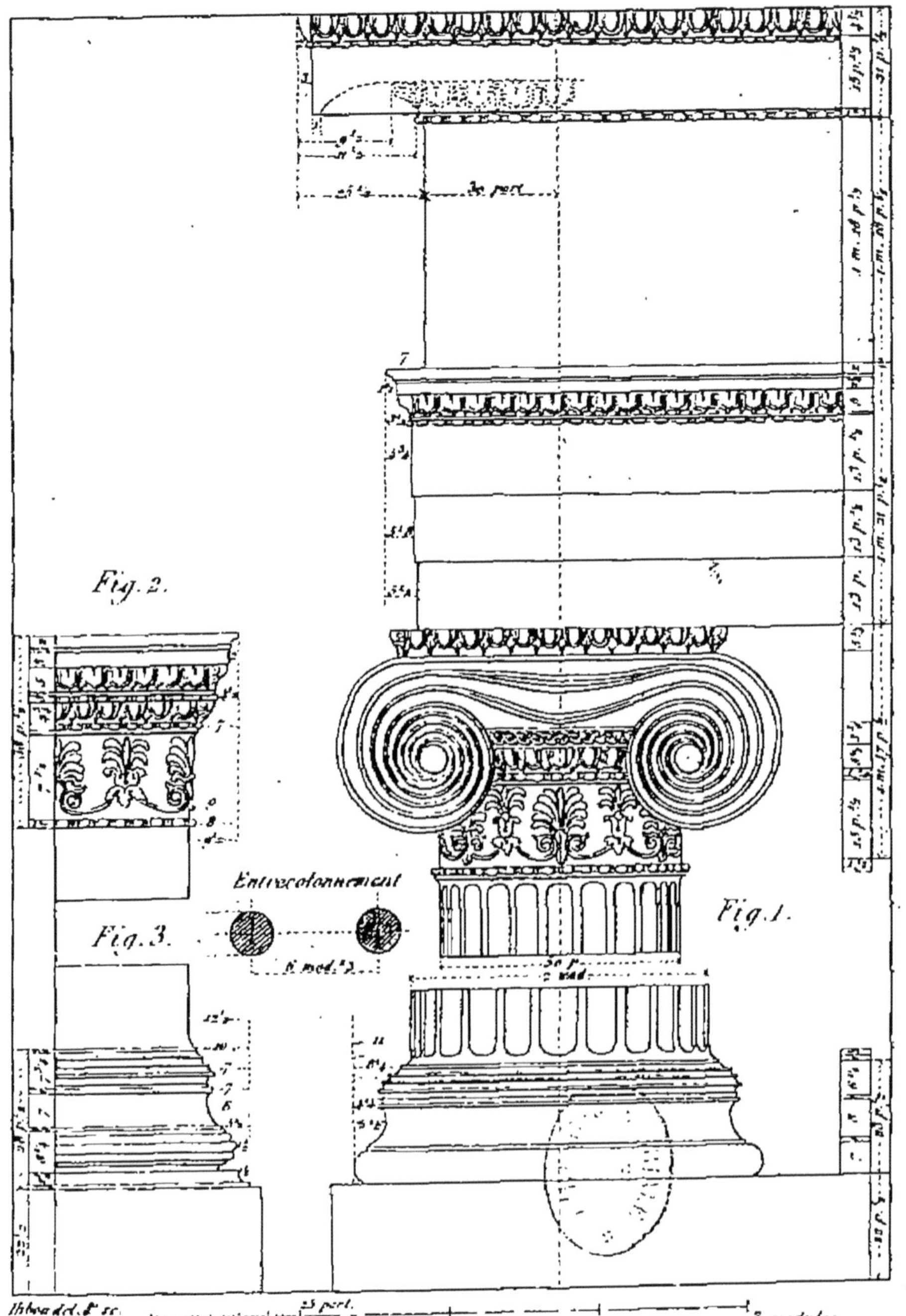
Fig. 2.
Fig. 3.
Fig. 1.
Entrecolonnement
3 modules

Lanterne de Démosthènes.

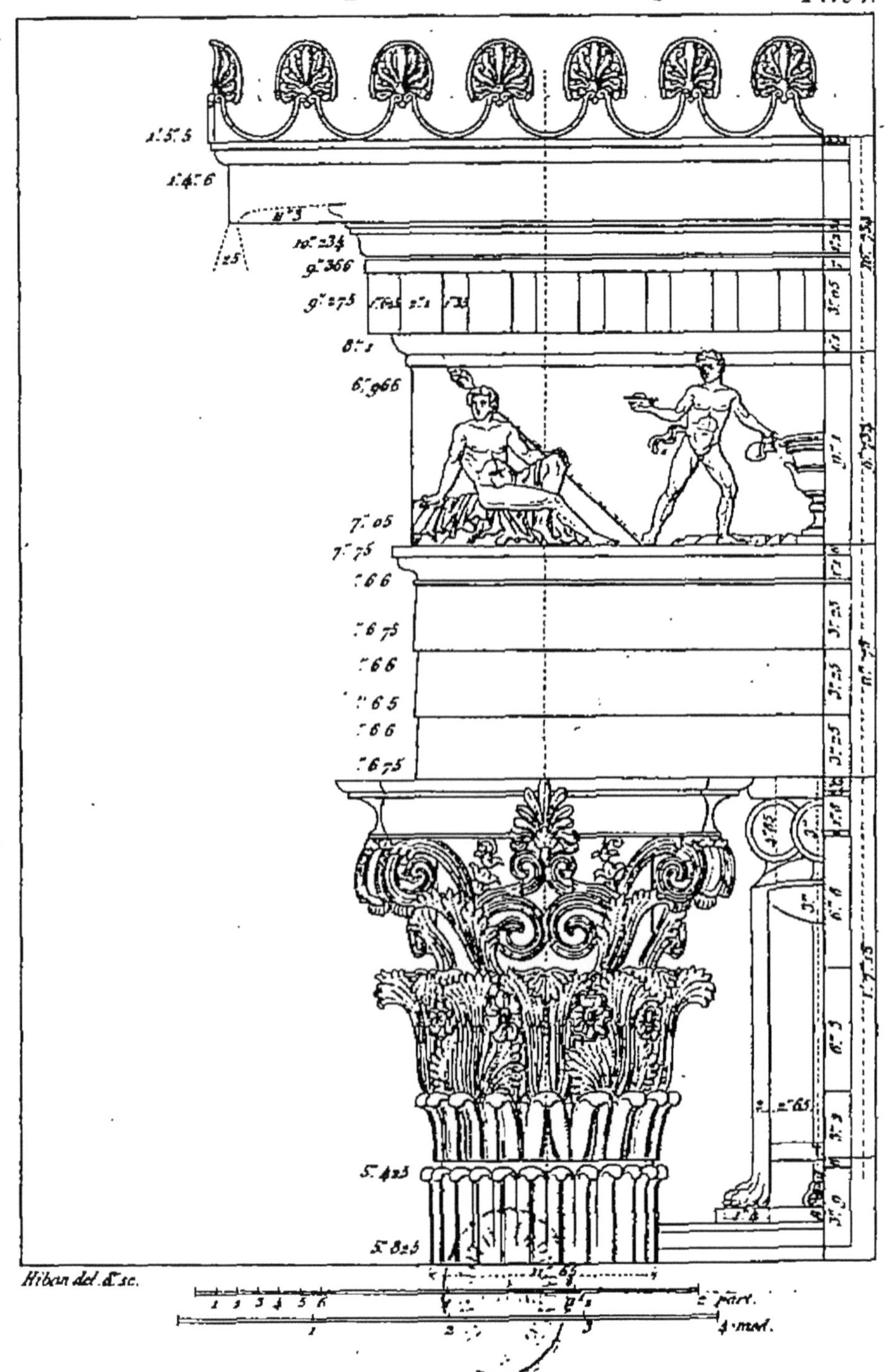
Hiban del. & sc.

DICTIONNAIRE PORTATIF

D'ARCHITECTURE CIVILE.

AVERTISSEMENT.

Les Dictionnaires d'architecture sont extrêmement rares, et la plupart d'entre eux rebutent par leur prix ou effraient par leur volume ; d'ailleurs, depuis quelques années l'architecture s'est enrichie d'une foule de mots nouveaux, par suite des excursions qu'elle a faites sur le domaine des sciences : aussi presque tous ces dictionnaires ne se trouvent plus aujourd'hui au niveau des connaissances actuelles.

Toutefois, le désir de mettre ce petit ouvrage à la portée des simples ouvriers, m'a fait regarder comme une loi de me renfermer dans un cadre très-resserré et de dire beaucoup de choses le plus brièvement possible, sans omettre toutefois rien de ce qui pourrait être véritablement utile.

La rédaction d'un ouvrage de ce genre a exigé beaucoup de recherches, la plus minutieuse attention et surtout une application soutenue ; je n'ai pas la prétention de donner un Dictionnaire parfait, mais du moins je n'ai rien négligé pour approcher le plus près du but que je m'étais proposé, l'utilité ; trop heureux si je pouvais me flatter de l'avoir atteint, car ce n'est point l'éclat et encore moins la fortune qui me guideront jamais dans mes faibles productions : le désir d'aplanir quelques difficultés aux jeunes artistes et surtout aux simples ouvriers, de contribuer au développement de leur intelligence et par conséquent à leur bien-être, voilà ma seule ambition, le seul but où j'aspire : c'est à ceux qui me liront à juger si je m'en suis approché.

PARIS. — IMPRIMERIE DE FAIN ET THUNOT,
IMPRIMEURS DE L'UNIVERSITÉ ROYALE DE FRANCE,
Rue Racine, 4, près de l'Odéon.

DICTIONNAIRE

PORTATIF

D'ARCHITECTURE CIVILE

ET DES ARTS QUI EN DÉPENDENT,

Tels que la Maçonnerie, la Charpenterie, la Menuiserie, la Serrurerie, etc., etc. ; ainsi que la définition des nouveaux termes dans ces arts ;

Par Urbain Vitry

ARCHITECTE, PROFESSEUR DE GÉOMÉTRIE ET DE MÉCANIQUE APPLIQUÉES AUX ARTS A L'ÉCOLE DE TOULOUSE ;
MEMBRE DE LA SOCIÉTÉ DES BEAUX-ARTS, CORRESPONDANT DU RECUEIL INDUSTRIEL, ETC., ETC.

TROISIÈME ÉDITION.

Paris.

AUDOT, LIBRAIRE-ÉDITEUR,

RUE DU PAON, N° 8, ÉCOLE DE MÉDECINE.

1840.

EXPLICATION DES ABRÉVIATIONS.

—•—

act. actif.
adj. adjectif.
adv. adverbe.
f. féminin.
ind. indéclinable.
m. masculin.
n. neutre.
pl. pluriel.
s. substantif.
v. verbe.
voy. voyez.

Le signe—sépare les diverses significations d'un même mot.

DICTIONNAIRE

D'ARCHITECTURE CIVILE.

A

Abajour, s. m. Quelques-uns écrivent *abbajour*, d'autres *abat-jour*. Espèce de fenêtre en forme de grand soupirail, destinée à éclairer tout étage souterrain.

Abaque, s. m. C'est la partie supérieure ou le couronnement du chapiteau de la colonne qu'on nomme aussi *tailloir*. Les ouvriers donnent le nom d'*abaque* à un ornement gothique, avec un filet ou chapelet de la moitié de la largeur de l'ornement; et ils nomment ce filet, le filet ou le chapelet de l'*abaque*.

Abatis, s. m. Démolition des décombres d'un bâtiment.

Abattoir. Lieu destiné à abattre ou à tuer le bétail pour la boucherie.

Abat-vents, s. m. pl. Nom qu'on donne à de petits auvents au dehors des tours d'église et des clochers dans les tableaux des couvertures.

Abbaye, s. f. C'est un bâtiment joint à un couvent, et habité par un abbé ou une abbesse.

About, s. m. C'est dans la charpenterie l'extrémité d'une pièce de bois depuis une entaille ou une mortaise.

Aboutir, v. act. Revêtir de tables minces de plomb blanchi une corniche, un ornement, ou toute autre saillie de sculpture ou d'architecture de bois.

Abreuvoirs, s. m. pl. Nom qu'on donne en maçonnerie à de petites tranchées faites dans les joints et lits de pierre , afin que le mortier s'accroche avec les pierres et les lie.

Abreuvoir, s. m. C'est un glacis le plus souvent pavé , qui conduit à un bassin ou à une rivière, pour abreuver les chevaux , ou ce bassin lui-même.

Abside ou *absis ,* s. m. Voûte, partie circulaire.—Sanctuaire dans une église ; — peu usité.

Académie, s. f. Lieu composé de plusieurs salles où s'assemblent des savants , des gens de lettres , etc.

Académie royale d'architecture. Cette académie fut établie le 3o novembre 1671 , par les soins de M. Colbert, et fait maintenant partie d'une des sections de l'Institut de France.

Acanthe, s. f. Ce mot est le nom d'une plante dont on forme la feuille du chapiteau corinthien.

Accolement ou *accotement,* s. m. Espace de terrain entre les bordures d'un pavé et les fossés d'un chemin.

Accoler, v. act. On se sert de ce terme en architecture pour exprimer l'entrelacement autour d'une colonne des branches de palmes, de lauriers , de bandelettes, etc.

Accoudoir, s. m. Voy. *Appui.*

Accouplement, s. m. On entend par ce terme la manière d'espacer les colonnes deux à deux, le plus près les unes des autres qu'il est possible, sans que les bases et les chapiteaux s'engagent les uns dans les autres.

Acoustique, adj. Exprime la propriété de certaines voûtes de propager le son de la voix,

Acrotères, s. m. pl. Petits piédestaux , le plus souvent

sans base et sans corniche , pour porter des figures au bas des corniches rampantes et au faîte des frontons. Le même mot signifie aussi un petit mur qui règne sur les extrémités des bâtiments.

Adent. Assemblage en —. Réunion de deux planches au moyen d'une rainure et d'une languette triangulaires.

Adosser, v. act. C'est joindre un appentis, appuyer une maison contre une autre , ou simplement contre un mur.

Adoucir, v. act. L'art de laver un dessin d'architecture, de manière que les ombres se perdent insensiblement dans le clair.

Adoucissement, s. m. C'est le raccordement et la liaison qui se fait d'un corps avec un autre par un chanfrein , ou par un cavet.

Affaiblir, v. a. Diminuer l'épaisseur d'un mur ou d'une pièce de charpente.

Affaissé, adj. On dit qu'un bâtiment est affaissé, lorsqu'étant fondé sur un terrain de mauvaise consistance son poids le fait baisser.

Affleurer, v. act. C'est réduire deux corps saillants l'un sur l'autre à une même saillie ou surface.

Agencement, s. m. Dispositions et rapports de plusieurs membres d'architecture , surtout lorsque cette disposition a quelque chose d'inusité.

Agrafe, s. f. Nom qu'on donne à tout ornement de sculpture, qui semble unir plusieurs membres d'architecture les uns avec les autres. Terme de maçonnerie; voy. *Crampon.*

Aides, s. f. pl. On appelle ainsi en architecture tous les petits lieux qui sont à côté de plus grands pour leur servir de décharge.

Aiguille, s. f. Pyramide de charpente établie sur la tour

d'un clocher ou le comble d'une église. — Pièce de bois verticale, où sont assemblés les arbalétriers d'un comble pyramidal.

Aiguille ou *obélisque*. Voy. *Obélisque*.

Aile, s. f. Ce mot se dit par métaphore d'un des côtés en retour d'angle, qui tient au corps d'un bâtiment.

Aire, s. f. Surface, une superficie plane et horizontale.

Aire de chaux et de ciment. Massif d'environ un pied d'épaisseur, fait de chaux et de ciment mêlé avec du caillou. On dit aussi :

Aire de moellon.

Aire de plancher.

Ais, s. m. Planche de chêne ou de sapin à l'usage de la menuiserie.

Aisance, s. f. Lieu commun ou de commodité.

Aisselle, s. f. Partie de la voûte d'un four, depuis sa base jusqu'à la moitié de sa hauteur.

Aisselier, s. m. Pièce de bois qui fortifie l'assemblage de deux autres pièces, dont l'une est horizontale et l'autre verticale.

Alaise, s. f. C'est, dans une porte collée et emboîtée, la planche la plus étroite qui achève de la remplir.

Alcôve, s. f. Partie d'une chambre à coucher où est placé le lit.

Alèges, s. m. pl. Ce sont des pierres sous le pied-droit d'une croisée, qui jettent des harpes (voy. *Harpe*) pour faire liaison avec le parpain d'appui (voy. *Parpain*) lorsque l'appui est évidé dans l'embrasure.

Alette, s. f. C'est la face d'un pied-droit, depuis un pilastre ou une colonne jusques au tableau d'une arcade.

Alignement, s. m. C'est régler par des repères fixes le

devant d'un mur de face d'une rue, d'un bâtiment, etc.

Aligner, v. act. C'est réduire plusieurs corps à une même saillie.

Allée, s. f. Passage commun pour aller depuis la porte du logis jusques à la cour ou à la montée. C'est aussi dans les maisons ordinaires un passage qui communique et dégage les chambres, et qu'on nomme aussi *corridor*.

Allège, s. m. Petit mur d'appui élégi sous une croisée.

Amaigrir. Voy. *Démaigrir.*

Amoise, s. f. Terme de charpenterie. C'est une pièce de bois qui est interposée entre deux moises, pour entretenir l'assemblage d'une ferme de comble. Voy. encore *Moise.*

Amont. Terme d'architecture hydraulique ; se dit de tout ce qui est situé du côté d'où descend la rivière.

Amortissement, s. m. C'est le nom qu'on donne à tout corps d'architecture ou ornement de sculpture de pierre, de bois, de serrurerie, etc., qui s'élève en diminuant pour terminer quelque décoration.

Amphithéâtre, s. m. Vaste enceinte de forme circulaire, garnie de gradins pour les fêtes publiques. — Partie du fond des salles de spectacle.—Classes de physique, anatomie, etc.

Amphiprostyle, s. m. Prostyle qui a deux faces pareilles.

Ancone, s. m. Centre des quartiers de la volute ionique.

Ancre, s. f. Barre de fer en forme d'un S, d'un Y ou d'un T, qu'on fait passer dans l'œil d'un tirant (voy. *tirant*), pour empêcher les écartemens, la poussée des voûtes.

Andronitides, s. m. pl. Salles réservées chez les anciens pour les festins des hommes.

Angar ou *hangar*, s. m. C'est un lieu couvert d'un demi-comble, adossé contre un mur pour servir de remise.

Angle, s. m. Les ouvriers appellent généralement ainsi tous les triangles ou pièces d'encoignure qui servent dans les compartiments.

Anglet, s. m. Petite cavité fouillée en angle droit.

Angulaire, adj. Pierres, colonnes, etc., qui forment un angle.

Annelets, s. m. pl. Ce sont de petits listels ou filets qui ornent un chapiteau.

Annulaire, adj. Voûte qui porte sur deux murs circulaires concentriques.

Annusure. Voy. *Ennusure.*

Anses de panier, s. f. pl. Voûtes en — surbaissées.

Antes, s. m. pl. Peut s'entendre dans tous les ordres des pilastres d'encoignure qu'on nomme aussi *pilastres corniers.*

Anti-cabinet, s. m. Grande pièce d'un appartement entre le salon et le cabinet, appelée communément salle d'assemblée.

Antichambre, s. f. Pièce d'un appartement destinée pour les domestiques.

Anticour. Voy. *Avant-cour.*

Antique, adj. Épithète qu'on donne à un bâtiment qui a été élevé dans les beaux jours de la Grèce et de Rome.

Anti-salle, s. f. Grande salle qui en précède une autre pour les cérémonies.

Aplomb, s. m. Ligne perpendiculaire au plan de l'horizon. Voy. *vertical.*

Apodyterium, s. m. Lieu où l'on se déshabillait dans les bains des anciens.

Apophyse ou *apophyge.* Voy. *Congé.*

Appareil, s. m. C'est l'art de tracer les pierres, et de les bien placer et poser. Pierres de haut et de bas appareil, c'est-à-dire d'une plus grande ou d'une moindre hauteur.

Appareilleur ou *apareilleur*, s. m. C'est le nom du principal ouvrier chargé de l'appareil des pierres.

Appartement, s. m. Suite de pièces nécessaires pour former une habitation complète.

Appentis, s. m. Demi-comble en manière d'auvent qui n'a qu'un égout.

Apport, s. m. Lieu où l'on apporte des denrées pour les vendre. Il est synonyme de marché.

Appui, s. m. Petit mur qui est élevé entre les deux pieds-droits d'une croisée, et à une hauteur convenable pour s'y appuyer. — Pièces de pierres ou de bois qui sont à hauteur d'appui le long des rampes des escaliers.

Apsis ou *absis*, s. m. Nom de la partie intérieure des anciennes églises, où le clergé était assis, et où l'autel était placé.

Aqueduc, s. m. Canal en maçonnerie pour conduire l'eau d'un lieu en un autre.

Arabesques ou *moresques*, s. f. pl. Rinceaux de feuillages imaginaires, dont on se sert dans les frises et panneaux d'ornements.

Arasement, s. m. C'est la dernière assise d'un mur.

Araser, v. act. C'est conduire de même hauteur une assise de maçonnerie.

Arases, s. m. pl. Matériaux placés dans des inégalités pour araser.

Arbalétriers, s. m pl. Terme de charpenterie. Pièces de bois qui portent en décharge sur l'entrait et s'assemblent sur un poinçon.

Arc, s. m. ou *arcade*, s. f. Nom général qu'on donne à toute fermeture cintrée en voûte, de baie, de porte ou de croisée.

Arc-boutant ou *arc-butant*, s. m. Arc ou portion d'un arc rampant, qui bute contre les reins d'une voûte pour en empêcher la poussée et l'écartement, comme aux églises gothiques. — Terme de charpenterie, pièce de bois qu'on appelle aussi contre-fiche.

Arc-bouter ou *contre-bouter*, v. act. C'est contretenir la poussée d'un arc ou d'une plate-bande avec un pilier, un arc-boutant, ou une étaye.

Arc de Cloître. Voûte formée de quatre portions de cercle qui font l'effet opposé de la voûte d'arête.

Arc-doubleau. C'est un arc qui excède le nu de la douelle (*voy.* ce mot) d'une voûte.

Arc de Triomphe, s. m. Grand portique, ou édifice détaché à l'entrée des villes, élevé à l'honneur du vainqueur à qui on a accordé le triomphe, ou en mémoire d'un événement important.

Arceau, s. m. Courbure du cintre parfait d'une voûte, d'une croisée, d'une porte ou d'un petit pont.

Arcenal ou *arcenac*, ou *arsenal*, s. m. Grand bâtiment où on tient magasin d'armes et où on les fabrique.

Arche, s. f. L'espace qui est entre les piles d'un pont, et fermé par le haut d'une portion de cercle.

Architecte, s. m. Artiste qui sait l'art de bâtir, qui donne le plan et les dessins d'un édifice, et qui en dirige la construction.

Architectonique, adj. Qui a pour objet l'architecture.

Architecture, s. f. L'art de bâtir.

Architrave, s. f. C'est le nom de la principale poutre ou poitrail qui porte horizontalement sur des colonnes et qui fait la première partie de l'entablement.

Archivolte, s. f. Bandeau orné de moulures qui règne à la tête des voussoirs d'une arcade, et qui porte sur les impostes.

Archivolte rustique. On appelle ainsi un archivolte dont les moulures sont interrompues par une clef et des bossages simples et rustiques, en sorte que de deux voussoirs, l'un est en bossage. (Voy. *bossage.*)

Ardoise. s. f. Pierre d'un bleu noirâtre qui se débite par feuillets, pour servir à la couverture des bâtiments.

Ardoise cartelée. C'est le nom de la plus petite ardoise, et qu'on taille quelquefois pour les dômes.

Arène. s. f. Partie de l'amphithéâtre des Romains. C'était le champ du milieu, sablé, où combattaient les gladiateurs.

Aréner ou *s'aréner*, v. act. C'est s'affaisser extraordinairement. Un bâtiment s'arène par la trop grande charge.

Aréostyle ou *Arœostyle*, s. m. Selon Vitruve, la plus grande distance qui peut être entre les colonnes, savoir : huit modules ou quatre diamètres.

Aréosistyle ou *Arœosistyle.* C'est, selon Vitruve, une disposition de colonnes dont les espaces sont sistyles et aréostyles.

Arête, s. f. C'est l'angle vif d'une pierre, d'une pièce de bois.

Arétier, s. m. Pièce de bois délardée qui forme l'arête ou l'angle d'un comble en croupe ou en pavillon.

Arétières, s. f. pl. Enduits de plâtre que les couvreurs mettent aux angles de la croupe d'un comble couvert de tuile ; on en met aussi de plomb, mais elles doivent être au moins d'une ligne d'épaisseur.

Armature, s. f. On entend par ce mot les barres et autres liens de fer qui servent à retenir un grand assemblage de charpente, et à fortifier une poutre éclatée.

Armes ou *Armoiries,* s. f. pl. Ornement de sculpture

qu'on met aux endroits les plus apparents d'un édifice, pour désigner celui qui l'a fait bâtir.

Armilles. Voy. *Annelets.*

Arrachement. s. m. C'est une opération qui consiste à arracher des pierres et à en laisser alternativement, pour faire liaison avec un mur qu'on veut joindre à un autre.

On nomme aussi arrachements les premières retombées d'une voûte enclavées dans le mur.

Arrêter, v. act. Sceller en plâtre, en ciment, en plomb, etc.

Arrière-bec d'une pile. C'est la partie de la pile qui est sous le pont du côté d'aval. (Voy. *Aval.*)

Arrière-boutique, s. f. Salle au fond de la boutique d'un marchand.

Arrière-corps, s. m. Partie d'une façade renfoncée.

Arrière-cour, s. f. C'est une petite cour qui, dans un corps de bâtiment, sert à éclairer les moindres appartemens.

Arrière-voussure. C'est, derrière le tableau d'une porte ou d'une croisée, une voûte qui sert pour en décharger la plate-bande.

Arsenal. Voy. *Arcenal.*

Aspect. s. m. C'est le point de vue d'un bâtiment.

Assemblage. Terme de charpenterie et de menuiserie. C'est l'art d'assembler et de joindre plusieurs morceaux de bois ensemble.

Asseoir, v. act. C'est poser de niveau et à demeure les premières pierres des fondations, le carreau, le pavé.

Assise, s. f. C'est ainsi qu'on désigne en maçonnerie un rang de pierres posées.

Astragale, s. m. Petite moulure ronde qui entoure le haut du fût d'une colonne.

Atelier, s. m. C'est en général le nom qu'on donne à un lieu où les artistes travaillent.

Atlantes, s. f. pl. On donne ce nom à des figures ou demi-figures humaines qui tiennent lieu de colonnes ou de pilastres, pour soutenir un entablement. Voy. *Cariatides*.

Atre, s. m. C'est le sol et le bas de la cheminée qui est entre les jambages, le contre-cœur et le foyer où l'on fait le feu.

Atrium, s. m. Cours entourées de galeries couvertes, ornées de colonnes, qui précédaient les maisons antiques.

Attachements, s. m. pl. Notes que prend l'architecte des dimensions des matériaux.

Attente, s. f. Pierre qu'on laisse en saillie pour former liaison avec les murs qu'on voudrait y rattacher par la suite.

Atticurgue, s. m. Porte dont les pieds-droits sont inclinés l'un vers l'autre.

Attique, s. m. Étage peu élevé qui termine la partie supérieure d'une façade.

Attributs, s. m. pl. Terme de décoration.

Aubier ou *aubour*, s. m. Bois imparfait situé au-dessous de l'écorce, et très-sujet à être piqué par les vers.

Auge, s. f. C'est une cuve de pierre qui se met dans une cuisine près du lavoir, et qui sert près d'une écurie pour abreuver les chevaux.

Les maçons appellent aussi auge une espèce de cuve de bois dans laquelle ils gâchent le plâtre.

Auget, s. m. C'est un plaquis de plâtre qui se fait le long des lambourdes dans un plancher.

Augmentations, s. f. pl. Ouvrages faits au delà de la convention du marché.

Autel, s. m. Table d'une seule pierre carrée, longue, sur laquelle on sacrifie à une divinité.

Auvent, s. m. C'est une avance faite de planches pour couvrir la montre d'une boutique.

Aval, adj. Du côté où descend la rivière.

Avance, s. f. Ce mot signifie ce qui est porté par encorbellement au delà d'un mur de face.

Avant-bec, s. m. Pointe d'une pile de pont en forme d'éperon, qui sert pour le soutenir et pour fendre l'eau.

Avant corps, s. m. C'est, dans la décoration des édifices, une partie en saillie ; au contraire, l'arrière-corps est la partie reculée qui sert de fond.

Avant-cour ou *anticour*, s. f. C'est une cour qui précède la principale cour d'une maison.

Avant-logis, s. m. C'était chez les anciens le corps de logis de devant.

Avant-scène, s. f. Partie du théâtre où les acteurs viennent débiter leurs rôles.

Aviver, v. act. Couper le bois à vive arête ou à angle vif.

Axe, s. m. C'est une ligne droite qui passe par le centre d'un corps rond et cylindrique, comme d'une boule, d'une colonne, etc.

Axe de la volute ionique. Voy. *Cathète.*

B

Badigeon, s. m. C'est un enduit jaunâtre dont on recouvre les bâtiments.

Badigeonner, v. act. C'est colorer avec du badigeon.

Bagne, s. m. Vaste prison pour les condamnés aux travaux forcés.

Baguette, s. f. Petite moulure ronde, moindre qu'une astragale.

Bahut, s. m. C'est le profil bombé du chaperon d'un mur.

Baie ou *baye,* s. f. Ouverture pratiquée dans un mur pour faire une porte, une fenêtre, un passage de tuyau de cheminée, etc.

Baignoire, s. f. Cuve qu'on met dans la salle des bains, pour s'y baigner.

Bain ou *bouin,* ind. On dit maçonner à bain de mortier, lorsqu'on pose les pierres en plein mortier.

Bains, s. m. pl. Nom qu'on donne à un appartement destiné à se baigner.

Balcon, s. m. Saillie au delà du nu d'un mur porté sur des consoles ou sur des colonnes, et fermée par une balustrade de pierre ou de fer.

Baldaquin, s. m. On appelle ainsi un ornement d'autel, qui consiste en un dais porté sur des colonnes.

Balèvre, s. f. C'est ce qui passe d'une pierre plus qu'une autre près d'un joint.

Baliveaux. Voy. *Échasses.*

Balustrade, s. f. C'est la continuité d'une ou plusieurs travées de balustres de marbre, de pierres, de fer ou de bois.

Balustre, s. m. Petite colonne qui sert à remplir un appui à jour sous une tablette.

Banc, s. m. C'est la hauteur des pierres parfaites dans les carrières.

Banc de ciel. Nom qu'on donne au premier et au plus dur banc qu'on trouve en fouillant une carrière, et qu'on laisse sur des piliers pour servir de ciel à cette même carrière.

Banc d'église. C'est un siége à plusieurs places.

Bande, s. f. C'est en architecture le nom de tout membre plat en longueur sur peu de hauteur.

Bandeau, s. m. Plate-bande unie qu'on pratique autour des croisées ou arcades.

Bandelette, s. f. Petite moulure qui a ordinairement autant de saillie que de hauteur.

Bander un arc on une *plate-bande*, v. act. C'est en assembler les voussoirs et claveaux sur les cintres de charpente et les fermer avec la clef.

Banquette, s. f. C'est un petit chemin relevé pour les gens de pied le long d'un quai ou d'un pont.

Baptistère, s. m. Lieu ou édifice dans lequel on conserve l'eau pour baptiser et où l'on baptise.

Baquet, s. m. Vaisseau de bois pour transporter le mortier.

Bar, s. m. Espèce de brancard avec lequel les ouvriers maçons portent des pierres de peu de grosseur.

Barraque ou *hutte*, s. f. Petite maison construite de charpente.

Barbacane, s. f. C'est l'ouverture étroite et longue en hauteur qu'on laisse aux murs qui soutiennent les terres, pour donner de l'air et écouler les eaux.

Bardeau, s. m. Petit ais de merrain dont on se sert pour couvrir les bâtiments peu considérables.

Barder, v. act. C'est charger une pierre sur un chariot, sur un bar. Voy *Bar*.

Bardeur, s. m. On nomme ainsi les ouvriers qui tirent les pierres sur un chariot.

Barre, s. f. C'est le nom général de toute pièce longue et mince, qui sert à entretenir les ais d'une cloison, et à d'autres usages.

Barre-d'audience, Enclos du parquet, fait d'une forte cloison de bois de chêne de trois à quatre pieds de hauteur où les avocats se rangent pour plaider les causes.

Barreau. Voy. *Barre*.

Barrière, s. f. Ouvrage en bois, placé à l'entrée d'un lieu pour empêcher d'y pénétrer.

Bas côtés ou *Ailes,* s. f. pl. On appelle ainsi les galeries basses d'une église.

Base , s. f. Corps qui en porte un autre avec empatement, et particulièrement la partie inférieure de la colonne et du piédestal.

Basilique, s. f. C'était chez les anciens une grande salle avec portiques, ailes, tribunes ou tribunal où les rois rendaient eux-mêmes la justice.

Aujourd'hui on donne ce nom aux églises construites à l'instar des anciennes basiliques.

Bas-relief, s. m. Ouvrage de sculpture qui a peu de saillie.

Basse-cour, s. f. C'est une cour séparée de la cour principale et qui sert pour les écuries.

Basse-cour de campagne. C'est la cour où l'on met les charrues, les bestiaux, les volailles.

Bassin, s. m. C'est dans un jardin un espace creusé en terre, revêtu de pierres, de pavés ou de plomb, qui fait l'ornement d'un jardin, ou qui sert à arroser.

Bastion, s. m. C'est le nom qu'on donne à un pavillon couvert en terrasse à l'encoignure d'un bâtiment.

Bâtarde, adj. Porte qui ne sert que pour les hommes, qui serait trop étroite pour les voitures.

Bâti, s. m. Assemblage de montants et de traverses, qui renferment un ou plusieurs panneaux.

Bâtiment, s. m. Nom général qu'on donne à tous les lieux propres à la demeure des grands, des particuliers et à l'exercice de la religion, etc.

Bâtir, v. act. et n. Édifier, construire un édifice.

Bâtisse, s. f. Tout ce qui concerne la maçonnerie d'un bâtiment.

Bâton, s. m. Voy. *Tore.*

Battants, s. m. pl. Vantaux des portes et des croisées.

Batte, s. f. Morceau de bois fait en forme de massue d'Hercule, dont on se sert pour battre le plâtre.

Batellement, s. m. Dernier rang des tuiles doubles, par où un toit s'égoutte dans un chéneau ou une gouttière.

Battement, s. m. Tringle de bois, ou barre de fer plat, qui cache l'endroit où les vantaux d'une porte se joignent.

Bavette, s. f. bande de plomb blanchi au-devant d'un chéneau.

Bauge, s. f. Mortier de terre franche et de paille ou de foin, corroyé comme celui de chaux et de sable. Torchis.

Baye, *bée*, s. f. ou *jour*. On entend par ces trois mots toutes sortes d'ouvertures percées dans les murs.

Bazar, s. m. Nom qu'on donne aux marchés dans l'Orient.

Bec, s. m. C'est le petit filet qu'on laisse au bord d'un larmier qui forme un canal.

Bec de corbin, s. m. Moulure qui ne diffère du quart de rond que par sa situation naturelle qui est renversée.

Béchevet, s. m. Terme de charpenterie. C'est mettre une pièce de bois, bout pour bout, et une autre dans un sens contraire, afin que les deux ensemble puissent donner une largeur égale à chaque bout.

Beffroi, s. m. Espèce de donjon pour découvrir de loin, et où est suspendue une cloche pour sonner le tocsin.

Belvéder ou mieux *belvédère*, s. m. Mot italien, qui signifie belle vue. Donjon ou pavillon élevé au-dessus d'un édifice; on donne aussi le nom de belvédère à un petit bâtiment situé à l'extrémité d'un jardin ou d'un parc.

Bénitier, s. m. C'est un vase dans lequel on met de l'eau bénite.

Berceau, s. m. C'est une voûte en plein ceintre.

Bergerie, s. f. C'est une étable ou parc où l'on tient les moutons dans une métairie.

Berges, s. f. pl. Bords ou levée des rivières et des grands chemins.

Berne, s. f. Chemin qu'on laisse entre une levée et le bord d'un canal.

Beton, s. m. Sorte de mortier qu'on jette dans les fondements et qui se durcit extrêmement.

Beuveau ou *buveau,* s. m. Espèce d'équerre mobile dont un bras est bombé suivant la douelle d'un arc ou d'une voûte et l'autre droit selon le joint de la coupe.

Biais, adj. Ce qui est de côté, oblique.

Bibliothèque, s. f. Lieu en forme de grand cabinet ou de galerie, où des livres sont rangés sur des tablettes.

Bicoq, s. m. Pièce de bois qu'on ajoute aux deux dont une chèvre est composée.

Bilboquet, s. m. Nom qu'on donne à un petit carré de pierre qui, ayant été scié d'un plus gros, reste dans le chantier.

Billot, s. m. Appui qu'on met sous les leviers, lorsqu'on veut lever ou mouvoir quelque grosse pièce de bois.

Binard, s. m. Chariot fort à quatre roues, qui sert pour porter de grosses pierres.

Biscuits, s. m. pl. Ce sont des cailloux dans les pierres à chaux, qui restent dans le bassin après qu'elle est détrempée.

Biseau, s. m. Extrémité taillée en talus.

Bitume, s. m. Substance huileuse et minérale dont on revêt les terrasses.

Blanc et *bleu,* terme de décoration. Voy. *Couleurs.*

Blanchir, v. act. C'est en maçonnerie faire une ou plusieurs couches de blanc sur un mur sale.

Blanchir, terme de menuiserie. C'est raboter le fil des planches avec la varlope, pour ôter les traits de scie.

Bloc, s. m. C'est un gros quartier de pierre ou de marbre, qui n'a point été taillé.

Blocages, s. m. pl. Ce sont de menues pierres ou petits moellons qu'on jette à bain de mortier, pour garnir le dedans des murs.

Blochets, s. m. pl. Petites pièces de bois qui portent des chevrons, et qui sont entaillées sur les plates-formes.

Bloquer, v. act. C'est, dans la construction, lever les murs de moellons d'une grande épaisseur sans les aligner au cordeau.

Bois, s. m. Matière tirée du corps des arbres, qui sert à divers usages dans les bâtiments.

Boiser, v. act. Couvrir les murs d'une chambre ou d'un appartement d'ouvrages assemblés, moulés, sculptés.

Boiserie, s. f. Ouvrage de menuiserie.

Boisseau de poterie, s. m. C'est un corps rond et creux de terre cuite, qui, étant emboîté avec d'autres, forme la chausse d'une aisance.

Boîtes, s. f. pl. Ce sont des ais ou planches qui servent pour couvrir et revêtir des pièces de bois, soit poutres ou solives.

Bombé, ou *courbé*. Surface convexe.

Bombement, s. m. C'est la convexité, ou renflement d'une solive, d'un arc.

Bomber, v. act. C'est faire un trait plus ou moins renflé.

Bordure, s. f. C'est un profil en relief, qui renferme quelque tableau, ou panneau de compartiment.

Borne, s. f. Pierre qui sert de terme et de limite à un héritage.

Borne de bâtiménts. Espèce de cône de pierre dure, à

hauteur d'appui, placé à l'encoignure ou au-devant d'un mur de face pour le défendre contre les voitures.

Bornoyer, v. act. Tracer une ligne droite sur le terrain, au moyen de jalons.

Bosel. Voy. *Tore*.

Bossage, s. m. Assise de pierre en saillie sur le nu du mur.

Bosse, s. f. C'est, dans le parement d'une pierre, un petit bossage que l'ouvrier y laisse pour marquer que la taille n'en est pas toisée.

Bouche, s. f. Ouverture ou entrée d'une carrière, d'un puits, d'un tuyau.

Boucherie, s. f. Bâtiment public, contenant plusieurs étaux, où l'on expose les grosses viandes, pour être vendues en détail.

Boucle, s. f. Gros anneau de fer ou de bronze, qui sert à heurter à une porte-cochère.

Boucler, v. act. Se dit d'un mur dont les parements s'écartent faute de liaison.

Bouclier, s. m. Ornement qui sert pour les frises, les trophées.

Boudin. Voy. *Tore*.

Boudoir, s. m. Petit cabinet de retraite qui fait partie de l'appartement d'une femme.

Bouge, s. m. Petit cabinet placé ordinairement à côté d'une cheminée.

— Petite garde-robe où il n'y a place que pour un lit. — Terme de charpenterie, désigne une pièce de bois qui courbe en quelque endroit.

Boulangerie, s. f. Lieu où l'on fait le pain.

Boule d'amortissement, s. f. C'est tout corps sphérique qui termine quelque décoration, comme on en met à la pointe d'un clocher.

Boulin, s. m. Petit trou ou logette qu'on dispose autour d'un colombier.

Boulins, s. m. pl. Pièces de bois qu'on scelle dans les murs, ou qu'on serre dans les baies avec des étrésillons, pour échafauder. On appelle trous de boulins les trous qui restent des échafaudages.

Boulon, s. m. Grosse cheville de fer, avec une tête ronde ou carrée par un bout, et une clavette ou vis à l'autre bout.

Boulonner, v. act. C'est arrêter un boulon.

Bourrique, s. f. Petite machine qui sert au couvreur.

Bourriquet, s. m. Espèce de civière servant aux maçons à élever les moellons et autres matières dans les baquets.

Bourse, s. f. Vaste édifice où se rassemblent les commerçants.

Bourseau, s. m. Moulure ronde qui règne dans les grands bâtiments, au haut des toits couverts d'ardoises.

Bousillage, s. m. Mélange de chaume et de terre détrempée, dont on se sert pour bâtir notamment les murs de clôture.

Bousin, s. m. C'est le dessus des pierres qui sortent de la carrière, et qui est une espèce de croûte de terre non pétrifiée. On doit l'abattre entièrement.

Boutée. Voy. *Buter*.

Boutique, s. f. Salle ouverte au rez-de-chaussée sur la rue, qui sert pour les marchands et les artisans.

Boutisse, s. f. C'est une pierre dont la plus grande longueur est dans le corps du mur.

Bouton, s. m. Pièce ronde de menus ouvrages de fer, qui sert à tirer à soi un vantail de porte.

Bozel, s. m. **Moulure ronde.**

Brandi. Voy. *Chevrons*.

Brasse, s. f. Mesure imitée de la longueur du bras, dont se servent les architectes en quelques villes d'Italie.

Brasserie, s. f. Grand bâtiment où l'on fait la bière et le cidre.

Brayers. Voy. *Câbles*.

Brèche, s. f. Ouverture provenue à un mur par violence, malfaçon ou caducité.

Breteler, v. act. C'est dresser le parement d'une pierre avec un outil à dent.

Brins de fougère, s. m. pl. Pan de bois assemblé diagonalement.

Brique, s. f. Sorte de pierre factice, de couleur rougeâtre, composée de terre et cuite au four.

Briqueter, v. act. C'est contrefaire la brique sur le plâtre, avec une impression d'ocre rouge.

Briqueterie. Voy. *Tuilerie*.

Brise-cou, s. m. Terme vulgaire pour exprimer un défaut dans un escalier.

Brisis, s. m. C'est l'angle que forme un comble brisé.

Bronze, s. m. Métal formé d'un alliage, dont on fond des figures, des bas-reliefs et des ornements.

Brut, adj. Nom général qu'on donne à tout ce qui n'est point dégrossi.

Buanderie, s. f. Salle avec un fourneau et des cuviers pour faire la lessive. Grand bâtiment pour *laver le linge*.

Bûcher, s. m. Lieu où l'on enferme le bois.

Buffet ou *bufet*, s. m. C'est, dans un vestibule ou salle à manger, une grande table où l'on dresse les vases, les bassins, les cristaux.

Bureau, s. m. Chambre où l'on règle des comptes et où l'on fait des payements.

Buste, s. m. Partie supérieure d'une figure sans bras, depuis la poitrine, posée sur un piédouche.

Buter, v. act. C'est, par le moyen d'un arc ou pilier butant, contenir ou empêcher la poussée d'un mur, ou l'écartement d'une voûte.

C

Cabane, s. f. Petite maison bâtie et couverte de chaume.

Cabinet, s. m. Petite pièce d'un appartement, consacrée à l'étude.

Câbles, s. m. Nom général qu'on donne à tous les cordages dont on se sert pour enlever et traîner des fardeaux.

Cachot, s. m. Lieu souterrain où l'on enferme les malfaiteurs. Voy. *Prison*.

Cadran, s. m. Décoration extérieure d'une horloge.

Cadre, s. m. C'est la bordure d'un tableau, d'un bas-relief.

Cadre de charpente. Assemblage carré de quatre grosses pièces de bois.

Cadre de maçonnerie. Espèce de bordure de pierre ou de plâtre.

Cage, s. f. Enceinte formée par des murs pour recevoir un escalier, un bâtiment, etc.

Caillou, s. m. Petite pierre dure qu'on emploie avec le ciment ou le bitume, pour paver les aqueducs, grottes et fontaines.

Caisse, s. f. Intervalle des modillons du plafond de la corniche corinthienne, qui renferme une rose.

Caisson, s. m. Ornement des soffites.

Cale, s. f. Petit morceau de bois pour mettre un corps quelconque de niveau.

Caler, v. act. Action de mettre une cale.

Calibre, s. m. Profil de bois, de tôle ou de cuivre, chantourné intérieurement, pour tracer les corniches et cadres de plâtre ou de stuc.

Calotte de voûte, s. f. Renfoncement de plafond rond ou circulaire.

Calquer, v. act. Copier un dessin trait pour trait.

Calvaire, s. m. Chapelle de dévotion élevée sur un tertre en mémoire du lieu où Jésus-Christ fut crucifié.

Camayeu, s. m. Peinture d'une seule couleur, où les jours et les ombres sont observés sur un fond d'or ou d'azur.

Cambre ou *cambrure*, s. m. Courbure d'une pièce de bois ou du cintre d'une voûte.

Cambrer, v. act. Courber les membrures, planches et autres pièces de bois de menuiserie.

Camion, s. m. Espèce de chariot à quatre roues, attelé de quatre chevaux, qui sert à porter des pierres.

Campane, s. f. Corps des chapiteaux corinthiens et composites, ainsi nommé parce qu'il ressemble à une cloche renversée.

Campanes. Voy. *Gouttes*.

Campanile, s. m. Petit clocher à jour en manière de lanterne.

Canal, s. m. Lieu creusé pour recevoir les eaux.

Canal de larmier. C'est le plafond creusé d'une corniche qui fait la mouchette pendante.

Canal de volute. C'est, dans la volute ionique, la face des circonvolutions renfermée par un listel.

Canaux, s. m. pl. Espèce de cannelures sur une face ou un larmier.

On entend encore par canaux, les cavités droites ou torses dont on orne les tigettes des caulicoles d'un chapiteau.

Candelabre, s. m. Grand chandelier de forme antique. Décor tion en forme de balustre.

Caniveaux, s. m. pl. Pierre creusée dans le milieu pour faire écouler l'eau.

Canne, s. f. Mesure romaine, composée de dix palmes, qui font six pieds onze pouces de roi.

Canneler, v. act. Creuser des cannelures au fût des coonnes, pilastres.

Cannelures, s. f. pl. Cavités aplomb, arrondies par les deux bouts, pratiquées sur le fût d'une colonne.

Canonnière. Voy. *Barbacane.*

Canons de gouttière, ou *godets,* s. m. pl. Bouts de tuyaux de cuivre ou de plomb, qui servent à jeter les eaux de pluie au delà d'une cimaise.

Cantalabre, s. m. Ce mot n'est usité que parmi les ouvriers, il signifie le chambranle ou bordure simple d'une porte ou d'une croisée.

Cantonné, adj. On dit qu'un bâtiment est cantonné, quand son encoignure est ornée d'une colonne ou d'un pilastre angulaire.

Capitole, s. m. Bâtiment fameux sur le mont Capitolin à Rome où s'assemblait le sénat.

Caprice, s. m. On appelle ainsi toute composition hors des règles ordinaires de l'architecture.

Caravansérail, s. m. Grand bâtiment où se reposent les caravanes dans tout le Levant.

Carcasse, s. f. Bâti d'une feuille de parquet,

Carderonner. Voy. *Quarderonner.*

Cariatides, s. f. pl. Ce sont des figures de femmes sans bras, vêtues décemment, qui servent à la place des colonnes pour porter les entablements.

Carreau, s. m. Pierre qui a plus de argeur en parement que de queue dans le mur, et qui est posée alternativement avec la boutisse pour faire liaison.

Carreau. Terme de menuiserie; c'est un petit ais carré de bois de chêne, dont on se sert pour remplir la carcasse d'une feuille de parquet.

Carreau de plancher, s. m. Terre moulée et cuite de différente grandeur et épaisseur, dont on se sert pour couvrir le sol d'une salle, terrasse, ou d'un plancher.

Carrefour, s. m. C'est dans une ville l'endroit où deux rues se croisent et où plusieurs aboutissent.

Carrelage, s. m. Nom général qu'on donne à tout ouvrage fait de carreau de terre cuite, de pierre ou de marbre.

Carreler, v. act. C'est paver de carreau avec du plâtre mêlé de poussière, de recoupes de pierre.

Carreleur, s. m. Nom qu'on donne à l'ouvrier qui entreprend le carrelage.

Carrière, s. f. Lieu creusé sous terre, d'où l'on tire la pierre pour bâtir.

Carriers, s. m. pl. Marchands de pierre et ouvriers qui la coupent et la tirent de la carrière.

Carton, s. m. Contour chantourné sur une feuille de carton ou de fer-blanc, pour tracer les profils des corniches et pour lever les panneaux de dessus l'épure.

Cartouche, s. m. Ornement de sculpture, de pierre, de marbre, de bois ou de plâtre.

Cascade, s. f. Chute d'eau naturelle, comme celles de Tivoli, Terni, etc.; ou artificielle, par goulettes ou nappes, comme celles de Versailles.

Casernes, s. f. pl. Bâtiments pour les officiers et les soldats, et qui environnent presque toujours la place d'armes.

Cassolette, s. f. Espèce de vase de sculpture avec des flammes ou de la fumée.

Catacombes, s. f. pl. Ce sont, à Rome et à Paris, des cimetières souterrains en manière de grottes.

Catafalque, s. m. Décoration d'architecture, peinture et sculpture, pour l'appareil d'une pompe funèbre dans une église.

Cathédrale, s. f. Église épiscopale où l'on réserve un trône pour le prélat.

Cathète, s. f. Ligne qu'on suppose traverser aplomb le milieu d'un corps cylindrique, d'une colonne ou d'un balustre, qu'on nomme autrement *axe*.

Cathète est aussi, dans le chapiteau ionique, une ligne perpendiculaire qui passe par le milieu de l'œil de la volute.

Cave, s. f. Lieu voûté dans l'étage souterrain, qui sert à mettre du bois, du vin, de l'huile.

Caveau, s. m. Petite cave dans l'étage souterrain.

Caveau. C'est la sépulture d'une famille dans une église ou un cimetière.

Caver, v. act. Évider un morceau de verre de couleur pour y enchâsser d'autres morceaux de verre de diverses couleurs avec du plomb.

Cavet, s. m. Moulure ronde en creux qui fait l'effet contraire du quart de rond.

Caulicoles, s. f. Ce sont de petites tiges qui semblent soutenir les huit volutes du chapiteau corinthien.

Ceinture, s. f. C'est l'orle ou l'anneau du haut ou du bas d'une colonne.

Ceinture de muraille. C'est une enceinte ou circuit de muraille qui renferme un espace de terrain.

Cellier, s. m. Lieu voûté dans l'étage souterrain, pour serrer la provision de vin.

Cellule, s. f. Une des chambres qui composent le dortoir, dans les couvents.

Cénacle, s. m. C'était chez les anciens une salle à manger.

Cénotaphe, s. m. Tombeau vide élevé à la mémoire de quelqu'un dont on n'a pas le corps.

Cerce. Voy. *Cherche.*

Cercle de fer, s. m. C'est un lien de fer circulaire qu'on met au bout d'une pièce de bois pour empêcher qu'elle ne s'éclate.

Chaîne de pierre, s. f. C'est, dans la construction des murs de moellon, une jambe de pierre élevée aplomb pour les entretenir.

Chaîne d'architecte. Mesure faite de plusieurs fils de laiton ou de fer, d'une certaine longueur, dont on se sert pour mesurer.

Chaîne de bronze (ou de fer). Espèce de barrière faite de plusieurs chaînes attachées à des bornes espacées également.

Chaire de prédicateur, s. f. Siége élevé, avec devanture et dossier, pour prêcher.

Chaise, s. f. Assemblage de charpenterie de quatre fortes pièces de bois, sur lequel est posée en assise la cage d'un clocher ou celle d'un moulin à vent.

Chalcidique ou *calcidique,* s. f. Grande et magnifique salle qu'on ajoutait anciennement aux palais.

Chambranle, s. m. Bordure avec moulure autour d'une porte ou d'une cheminée.

Chambre, s. f. C'est la principale pièce d'un apparte-ment et la plus nécessaire de l'habitation.

Champ, s. m. C'est l'espace qui reste autour d'un ca-dre, ou le fond d'un ornement et d'un compartiment.

Champ, poser de champ. C'est placer une brique, une pierre, une pièce de bois sur la face la plus étroite.

Champ signifiait chez les Romains une place publique, comme étaient à Rome le champ de Mars, le champ de Flore.

Champignon, s. m. Espèce de coupe renversée, taillée en écailles par dessus, qui sert aux fontaines jaillissantes à faire bouillonner l'eau d'un jet ou d'une gerbe.

Chancellerie, s. f. C'est l'hôtel où loge le chancelier.

Chanfrein, s. m. C'est le pan qui se fait par l'arête ra-battue d'une pierre ou d'une pièce de bois, et qu'on nomme communément biseau ; chanfreiner, c'est rabattre cette arête.

Change, s. m. Édifice public où des marchands et des banquiers s'assemblent à certains jours pour le commerce d'argent.

Chanlate, s. f. Petite pièce de bois, comme une forte latte de sciage, qui sert à soutenir les tuiles de l'égout d'un comble.

Chantepleure, s. f. Espèce de barbacane ou ventouse qu'on fait aux murs de clôture.

Chantier, s. m. Magasin de bois en pile ; —lieu de dé-chargement du bois, des pierres, et où on les travaille.

Chantignole, s. f. Petit corbeau de bois, entaillé et chevillé sur une ferme pour porter un cours de pannes.

Chantourner, v. act. C'est couper une pièce de bois, de fer ou de plomb, suivant un profil ou dessin.

Chape, s. f. Enduit sur l'extrados d'une voûte.

Chapeau, s. m. C'est la dernière pièce qui termine un pan de bois.

Chapeau d'étai. Pièce de bois qu'on met au haut d'un étai ou d'une potence.

Chapelet, s. m. Baguette taillée de petits grains ronds.

Chapelle, s. f. Partie d'une église où est un autel destiné pour quelque dévotion particulière.

Chaperon, s. m. C'est la couverture d'un mur qui a deux égouts ou larmiers.

On appele chaperon en bahut celui dont le contour est bombé.

Chaperonner, v. act. C'est faire un chaperon.

Chapiteau, s. m. C'est la partie supérieure de la colonne qui porte immédiatement sur le fût.

Chapitre, s. m. Grande salle avec des bancs, où s'assemblent les chanoines, les religieux.

Chardons, s. m. pl. Pointes de fer en manière de dards, qu'on met sur le haut d'une grille ou sur le chaperon d'un mur.

Charge de plancher, s. f. C'est la maçonnerie de certaine épaisseur qu'on met sur les solives et ais d'entrevous, ou sur le hourdis d'un plancher, pour recevoir l'aire de plâtre ou de carreau.

Charnier, s. m. C'est un portique voûté en manière de cloître, qui renferme un cimetière.

Charpente, s. f. C'est l'assemblage de bois qui soutient la couverture d'un édifice, l'ensemble de tous les gros ouvrages en bois d'un édifice.

Charpenter, v. act. C'est tailler un bois de charpente pour le mettre en état d'être assemblé.

Charpenterie, s. f. C'est l'art de tailler et d'assembler de grosses pièces de bois pour bâtir des maisons et les couvrir.

Charpentier, s. m. Nom qu'on donne au maître qui entreprend et conduit les ouvrages de charpenterie et aux ouvriers qui travaillent sous lui.

Chartreuse, s. f. Couvent de Chartreux.—Petite maison isolée dans la campagne et n'ayant qu'un rez-de-chaussée.

Châsse, s. f. Coffre en manière de tombeau pour renfermer les reliques d'un saint.

Chasser, v. act. C'est pousser en frappant.

Châssis, s. m. Partie mobile de la croisée qui porte le verre.

Châtaignier, s. m. C'est l'arbre dont on tire la plus belle charpente.

Château, s. m. Forteresse avec tours et créneaux. —Grande et belle maison d'un seigneur dans un bourg ou village.

Château d'eau. Bâtiment où sont placés des réservoirs d'eau.

Chauffoir, s. m. Salle avec une cheminée ou un poêle, pour se chauffer en commun.

Chaufour, s. m. C'est autant le lieu où l'on tient le bois et la pierre à chaux que le four où on la cuit et le magasin couvert où on la conserve.

On nomme *Chaufourniers*, les ouvriers qui font la chaux et les marchands qui la vendent.

Chaumière, s. f. Petite maison couverte de chaume.

Chausse d'aisance, s. f. C'est le tuyau de descente de plomb ou de pierres des latrines.

Chaussée. C'est une élévation de terre qui sert de chemin à travers un marais, ou de digue aux eaux courantes pour en empêcher le débordement.

Chaussée de pavé. C'est, dans une large rue, l'espace cambré qui est entre deux revers.

Chaux, s. f. Pierre calcinée ou cuite dans un four, qui se détrempe avec de l'eau et du sable pour faire le mortier.

Chaux éteinte ou *fusée*. On appelle ainsi la chaux détrempée, qu'on conserve dans la fosse.

Chaux vive. Qui n'a pas été éteinte.

Chef-d'œuvre, s. m. Ouvrage excellent en lui-même ou relativement aux autres ouvrages d'un artiste.

Chemin, s. m. Espace en longueur sur une certaine largeur, qui sert de passage pour aller d'un lieu à un autre.

Cheminée, s. f. Lieu où l'on fait le feu dans la maison.

Chemise, s. f. Crépi ou vêtement d'un pan de bois, d'un tuyau, etc.

Chenal, s. m. Tuyau de descente pour conduire les eaux d'un toit dans la rue.

Chéneau, s. m. Canal de plomb pour recevoir les eaux du comble et les conduire par sa pente dans un tuyau de descente ou dans une gouttière.

Chenil, s. m. Bâtiment destiné à loger les officiers de la vénerie, les valets et leurs meutes de chiens de chasse.

Cherche, cerche ou *cerce*, s. f. Trait d'un arc surbaissé. — Développement d'une circonférence. — Courbe décrite par plusieurs tours de compas.— Planche chantournée pour modèle.

Chérubin, s. m. Tête d'enfant avec des ailes, qui sert le plus souvent d'ornement aux clefs des arcs, dans les églises.

Chevalement, s. m. Espèce d'étai, qui sert à retenir en l'air les encoignures, trumeaux, jambages, pour faire des reprises en sous-œuvre.

Chevalet, s. m. Assemblage de deux noulets ou linçoirs, sous le faîte d'une lucarne.

Chevet d'église, s. m. Partie qui termine le chœur d'une église.

Chevêtre, s. m. Pièce de bois d'un plancher, retenue par les solives d'enchevêtrure, pour en porter d'autres à tenon et à mortaise, et laisser une ouverture pour l'âtre et les tuyaux de cheminée, ou pour quelque petit escalier.

Cheville, s. f. C'est un morceau de bois ou de fer qui sert à retenir quelques assemblages de charpente.

Chèvre, s. f. Machine qui sert à enlever les fardeaux à plomb.

Chevrons, s. m. pl. Pièces de bois de sciage sur lesquelles sont attachées les lattes à tuiles ou ardoises, dont on se sert pour les couvertures.

Chiffre, s. m. Entrelacement de lettres.

Chimère, s. f. Monstre fabuleux ; il sert, dans l'architecture gothique, de gargouilles et de corbeaux. Voy. *Gargouilles* et *Corbeaux.*

Chœur, s. m. Partie de l'église séparée de la nef et où l'on chante l'office divin.

Ciel de carrière, s. m. C'est le premier banc qui se trouve au-dessous des terres en fouillant les carrières.

Cimaise ou *cymaise,* s. f. Moulure ondée par son profil, qui est concave par le haut et convexe par le bas. De cime, partie supérieure d'une frise, d'un entablement, etc.

Ciment, s. m. Mortier fait avec de la chaux et de la tuile réduite en poudre.

Cimenter, v. act. C'est lier avec du ciment, enduire avec du ciment.

Cimetière, s. m. C'est une place entourée de murs, dans laquelle on enterre les morts.

Cintre, s. m. C'est la figure d'un arc et de toute pièce de bois courbe qui sert tant aux combles qu'aux planchers.

Cintre de charpente. Assemblage de pièces de bois de charpente qui servent à construire une voûte.

Cintrer, v. act. C'est établir des cintres de charpente. On dit aussi cintrer pour arrondir plus ou moins un arc ou une voûte.

Cippe, s. m. Colonne ou pilier tronqué, dont la partie supérieure est terminée en demi-cercle et qui sert le plus ordinairement à l'ornement des tombeaux.

Circonvolutions, s. f. pl. Ce sont les tours de la ligne spirale de la volute ionique et de la colonne torse.

Circuit, s. m., ou *enceinte,* s. f. C'est le nom qu'on donne à une muraille qui environne un espace qui forme un clos.

Cirque, s. m. C'était chez les anciens un lieu destiné aux jeux publics, tels que courses de chevaux, de chars, etc.

Ciselure, s. f. C'est le petit bord qu'on fait avec le ciseau à l'entour du parement d'une pierre dure, pour la dresser.

Citerne, s. f. Lieu souterrain et voûté, destiné à recevoir et à conserver les eaux de pluie.

Claire-voie, s. f. Ouvrage de charpente dont les pièces laissent des jours en treilles.

Classes, s. f. pl. Salles garnies de bancs et de siéges où l'on donne des leçons.

Clausoir, s. m. La dernière pierre que l'on pose dans une voûte pour remplir le dernier espace qui y restait vide.

Claveau, s. m. C'est une des pierres en forme de coin, qui sert à fermer une plate-bande.

Clayonnage, s. m. Ouvrage fait de pieux et de branchages entrelacés.

Clef, s. f. C'est la pierre du milieu qui ferme un arc, une plate-bande ou une voûte.

Clef de poutre. C'est une courte barre de fer, dont

on arme chaque bout d'une poutre, et qu'on scelle dans les murs où elle porte.

Clef en charpenterie. Pièce de bois qui est arc-boutée par deux décharges pour fortifier une poutre.

Clef de serrure. Pièce de menus ouvrages de fer, qui sert à ouvrir et à fermer une porte.

Cloaque, s. m. Égout ou espèce d'aqueduc, dans lequel s'écoulent les immondices d'une ville ou d'une maison.

Clocher, s. m. Bâtiment élevé, faisant partie d'une église et où l'on suspend les cloches.

Clochettes. Voy. *Gouttes.*

Cloison, s. m. Ouvrage léger de maçonnerie ou de charpente pour séparer les pièces d'un appartement.

Cloisonnage. Voy. *Pan de bois.*

Cloître, s. m. C'est, dans un couvent, un portique qui environne un jardin ou un cimetière.

Clôture ou *enclos*, s. f. Mur ou grille qui environne un espace en général.

Clou, s. m. Morceau de métal pointu et à tête pour fixer, etc.

Coches. Voy. *Hoches.*

Coffre d'autel, s. m. C'est, dans un retable de menuiserie, la table d'un autel avec l'armoire qui est au-dessus.

Coin,, s. m. Outil de fer en angle, pour fendre.

Colarin. Voy. *Ceinture* et *Gorgerin.*

Colisée, s. m. Amphithéâtre ovale qui a été bâti à Rome par Vespasien.

Collége, s. m. Grand bâtiment où l'on enseigne les belles-lettres et les sciences.

Collet de marche, s. m. C'est la partie la plus étroite par laquelle une marche tournante tient au noyau d'un escalier.

Collier, s. m. Cercle de fer ou de bronze qui entoure un corps quelconque.

Colombage. Voy. *Pan de bois.*

Colombe, s. f. Vieux terme qui signifie toute solive posée debout dans les cloisons.

Colombier, s. m. Espèce de pavillon où on élève des pigeons.

Colonnade, s. f. Suite de plusieurs colonnes.

Colonnade polyptyle. C'est une colonnade dont le nombre des colonnes est si grand, qu'on ne peut les compter d'un seul aspect.

Colonne, s. f. Espèce de pilier de figure ronde, composé d'une base, d'un fût et d'un chapiteau, et servant à porter l'entablement.

Colosse, s. m. On désigne ainsi un bâtiment d'une grandeur extraordinaire, comme les anciens amphithéâtres, les pyramides d'Égypte, etc. On appelle aussi un colosse, une figure d'une grandeur extraordinaire.

Comble, s. m. Charpenterie en pente, et garniture d'ardoise ou de tuile qui couvre une maison.

Commun, s. m. Corps de bâtiment avec des cuisines et offices, où l'on apprête les viandes pour les tables des domestiques d'une grande maison.

Compartiment, s. m. C'est la disposition de figures régulières pour les lambris, les plafonds de plâtre, les pavements de pierre dure, de marbre, de mosaïque.

Compas, s. m. Instrument composé de deux branches, et qui sert à prendre, à donner des mesures et à tracer des cercles.

Composite, adj. C'est un ordre d'architecture composé de l'ionique et du corinthien.

Conducteur, s. m. Barre de fer ou de corde en fil métallique qui communique de la tige du paratonnerre dans un puits ou dans la terre.

Conduit, s. m. Canal artificiel par où coulent les eaux.

Conduite, s. f. Suite de tuyaux formant un conduit.

Confessionnal, s. m. Ouvrage de menuiserie pour la confession auriculaire.

Congé, s. m. ou *naissance*. C'est un adoucissement en portion de cercle, comme celui qui joint le fût à la ceinture de la colonne. On le nomme aussi *apophyge* et *scape*.

Congélation, s. f. C'est un ornement en usage dans l'architecture rustique, et imité des effets de l'eau lorsqu'elle se gèle le long d'un mur.

Console, s. f. C'est un ornement en saillie, qui sert à soutenir des corniches, de petites figures, des vases.

Construction, s. f. C'est l'art de bâtir par rapport à la matière.

Contour, s. m. C'est la ligne qui marque l'extrémité et la forme d'un corps.

Contourner, v. act. C'est donner de la grâce à ce qu'on dessine à la main.

Contracture. Voy. *Diminution*.

Contraster, v. act. C'est éviter la répétition de choses pareilles, et faire des oppositions de formes, d'ornements, etc.

Contre-bas et *contre-haut*. Terme dont on se sert dans l'art de bâtir, pour exprimer du haut en bas et du bas en haut.

Contre-bouter. Voy. *Arc-bouter*.

Contre-cœur, s. m. C'est le fond d'une cheminée entre les jambages et le foyer.

Contre-fiches, s. f. pl. Pièces de cinq à six pouces dans une ferme, assemblées avec le poinçon.

Contre-forts ou *éperons*, s. m. pl. Espèce de piliers

carrés ou triangulaires, construits contre un mur de quai, de terrasse ou autre

Contre-haut. Voy. *Contre-bas.*

Contre-latte, s. f. Tringle de bois mince et large, qu'on attache en hauteur contre les lattes entre les chevrons d'un comble.

Contre-latter, v. act. C'est latter une cloison ou un pan de bois devant et derrière, pour le recouvrir de plâtre.

Contre-mur, s. m. Petit mur qu'on fait contre un autre mur pour le fortifier.

Contre-murer, v. act. C'est faire un contre-mur.

Contre-pilastre, s. m. C'est un pilastre qui est à l'opposite d'un autre.

Contre-venter, v. act. C'est mettre des pièces de bois obliquement pour empêcher le mouvement qui peut être causé par la violence des vents.

Contrevents de croisée, s. m. pl. Grands volets pour garantir les vitres des vents et de la grêle et pour les fermer pour plus grande sûreté; on les nomme aussi *paravents.*

Convenance, s. f. C'est l'accord qu'on doit observer dans toutes les espèces d'édifices, leur grandeur, leur forme, leur richesse, leur simplicité.

Coquille, s. f. C'est un ornement de sculpture, imité des conques marines et qui se met au cul de four d'une niche.

Coquille d'escalier. Dessous de l'assemblage des marches d'un escalier.

Corbeau, s. m. Grosse console qui a plus de saillie que de hauteur, comme la dernière pierre qui sert à soulager la portée d'une poutre.

Corbeau de fer. Morceau de fer carré qui sert à porter les sablières d'un plancher.

Cordages. Voy. *Câbles.*

Cordeau, s. m. Grosse ficelle ou petite corde dont on se sert pour tracer des figures sur le terrain, la pierre et le bois.

Cordelière, s. f. Petit ornement taillé en manière de corde sur les baguettes.

Corderie, s. f. C'est, dans un arsenal de marine, un grand bâtiment où l'on fait les cordes et les câbles pour les vaisseaux.

Cordon, s. m. Grosse moulure ronde.

Corinthien. Le quatrième ordre d'architecture et le plus riche.

Corne d'abaque, s. f. C'est le nom qu'on donne aux encoignures à pans coupés du tailloir d'un chapiteau.

Corne d'abondance. Ornement de sculpture.

Corne de bélier. Ornement qui sert de volute dans un chapiteau ionique composé.

Corne de bœuf ou de *vache.* Trait de maçonnerie qui est un demi-biais passé.

Corniche, s. f. C'est le troisième membre de l'entablement qui est différent selon les ordres.

Cornière. Voy. *Noue.*

Corps, s. m. C'est tout membre d'architecture qui par sa saillie excède le nu du mur.—Partie de bâtiments comprise entre deux murs de face.

Corps-de-garde. Logement pour les soldats lorsqu'ils montent la garde.

Corps-de-logis. Bâtiment pour l'habitation : lorsqu'il n'enferme qu'une pièce entre ses murs de face, il est simple, et double lorsque l'espace du dedans est partagé par un mur de refend ou une cloison.

Corridor ou *coridor,* s. m. Allée entre un ou deux rangs de chambres pour les faire communiquer et les dégager.

Corroi, s. m. C'est de la terre glaise bien pétrie dont on fait le fond d'un réservoir, d'un bassin, etc.

Corroyer, v. act. C'est bien pétrir la chaux et le sable avec de l'eau, par le moyen du rabot, pour en faire du mortier.

Corroyer le bois. C'est, après avoir ébauché le bois, l'aplanir avec la varlope.

Corroyer le fer. C'est battre le fer à chaud pour le condenser.

Corvée, s. f. C'est le temps que les vassaux d'un seigneur étaient obligés de lui donner sans salaire, pour travailler à la construction ou aux réparations des murs de son château, four, moulin. Les maçons appellent aussi corvée une réparation peu considérable.

Côté, s. m. C'est un des pans d'une superficie régulière ou irrégulière.

Coter, v. act. C'est marquer sur un dessin, par cotes ou chiffres, les mesures d'un bâtiment.

Côtes, s. f. pl. Ce sont, sur le fût d'une colonne cannelée, les listels qui séparent les cannelures.

Couche, s. f. C'est une pièce de bois couchée à plat sous le pied d'un étai.

Couche de ciment. Espèce d'enduit de chaux et de ciment, d'environ un demi-pouce d'épaisseur.

Couchis, s. m. C'est un lattis à lattes jointives attachées sur les solives d'un plancher pour en porter la fausse aire de gros plâtre. —Pièces de charpente d'un cintre sur lesquelles portent les voussoirs.

Coude, s. m. C'est un angle obtus dans la continuité d'un mur de face.

Coudée, s. f. Mesure antique prise depuis le coude jusqu'à l'extrémité de la main.

Coulte, f. m. Voy. *Crapaudine.*

Couler en plomb, v. act. C'est **remplir** de plomb les joints de pierres.

Couleurs, s. f. pl. On entend par ce mot, dans l'architecture, toutes les impressions dont on peint les bâtiments.

Couleuvre, s. f. Lézarde ou fente qui survient à une voûte, dôme, par défaut de construction.

Coulis, s. m. Plâtre gâché clair pour remplir les joints des pierres.

Coulisse, s. f. C'est toute pièce de bois à rainure en manière de canal.

Coupe ou *coupole*, s. f. Partie concave d'une voûte sphérique.

Coupe de fontaine. Sculpture en manière de vase, moins haut que large, avec un pied.

Coupe. On entend par ce mot, dans l'art de bâtir, l'inclinaison des joints des voussoirs. Ainsi on dit : donner plus ou moins de *coupe*, pour exprimer cette inclinaison.

Coupe de bâtiment. Dessin géométral de la section verticale d'un édifice.

Coupe des pierres. C'est l'art de tracer et de couper les pierres.

Couper, v. act. Couper une pierre, couper le plâtre, couper le bois.

Cour, s. f. Espace quadrilatère, rond ou d'autre figure, environné de murs ou de bâtiments.

Courbe, s. f. Épithète qui exprime en architecture la direction oblique d'un corps.

Courbe. Pièce de bois, coupée en arc, dont on se sert pour faire les cintres.

Courbure, s. f. C'est l'inclinaison de la surface d'un corps comme celle du contour d'une colonne, d'un dôme.

Courge, s. f. Espèce de corbeau de pierre ou de fer, qui porte le faux manteau d'une ancienne cheminée.

Couronnement, s. m. Nom général qu'on donne à tout ce qui termine une décoration d'architecture.

Couronner, v. act. C'est terminer un corps avec quelque amortissement.

Cours, s. m. C'est une grande allée d'arbres avec contre-allée.

Cours d'assise. Rang continu de pierres de niveau et de même hauteur. Cours de pannes : suite de plusieurs pannes.

Coussinet, s. m. C'est la pierre qui couronne un pied-droit, pour recevoir la première retombée d'un arc ou d'une voûte.

Couture, s. f. C'est la jonction de deux tables de plomb.

Couvent, s. m. Grande maison où des personnes consacrées à Dieu vivent sous une même règle.

Couverture, s. f. Nom général qu'on donne au toit d'une maison.

Couvreur, s. m. C'est le nom de l'artisan qui fait les couvertures.

Coyaux, s. m. pl. Morceaux de bois qui portent sur le bas des chevrons et sur la saillie de l'entablement.

Coyer, s. m. Pièce de bois qui, étant posée diagonalement dans l'enrayure d'un comble, s'assemble dans le pied du poinçon et répond sous l'arêtier.

Craie, s. f. Pierre tendre et blanche dont on se sert pour dessiner.

Crampons, s. m. pl. Morceaux de fer qui servent à retenir les pierres et les marbres.

Crapaudine, s. f. Morceau de fer ou de bronze, creusé, qui reçoit le pivot d'une porte.

Crayon, s. m. C'est un petit morceau de pierre tendre, aiguisé en pointe pour dessiner.

Crèche, s. f. Ouvrage formé d'une file de pieux autour d'une pile ou d'une culée d'un pont.

Crédence d'autel, s. f. C'est, dans une église, une petite table pour mettre ce qui dépend du service de l'autel.

Créneaux, s. m. pl. Ce sont, au haut des murs et des vieux châteaux, des dentelures distantes par intervalles égaux à leur largeur, qui leur servent aujourd'hui plutôt d'ornement que de défense.

Crépir, v. act. C'est employer le plâtre ou le mortier avec un balai, sans passer la truelle par-dessus; ce qu'on appelle faire un crépi.

Crête, s. f. Extrémité, sommet d'un comble, d'un mur.

Crevasse, s. f. C'est le nom d'une fente ou d'un éclat qui se fait à un endroit qui bouffe.

Croisée, s. f. C'est le nom qu'on donne à la baie d'une fenêtre et à la menuiserie qui en porte le châssis et le volet.

Croiser et *recroiser*, v. act. C'est partager une ouverture ou baie en plusieurs panneaux.

Croisillons, s. m. pl. Pierre fort mince dont on partageait anciennement la baie d'une fenêtre.

Croix, s. f. Monument de piété.

Croix de saint André. Assemblage de deux pièces de bois croisées diamétralement.

Crone, s. m. C'est, sur le bord d'un port de mer ou de rivière, une tour ronde et basse qui sert à charger et à décharger les marchandises des vaisseaux.

Crosettes, s. f. pl. Ce sont les retours aux coins des chambranles de portes ou de croisées qu'on nomme aussi *oreillons*.

Croupe de comble, s. f. C'est un des bouts d'un comble.

Croupe d'église. C'est la partie arrondie du chevet d'une église considérée par le dehors.

Crypto-portique, s. m. On entend par ce mot, un lieu souterrain voûté et la décoration de l'entrée d'une grotte.

Cube, s. m. Solide terminé par 6 faces carrées. —Comme adjectif, Voy. *Toise* et *mètre cube.*

Cueillie, s. f. C'est du plâtre dressé le long d'une règle qui sert de repère pour enduire de niveau.

Cuisine, s. f. Pièce pour apprêter les mets.

Cuisse de triglyphe, s. f. C'est la côte qui est entre deux glyphes ou entailles.

Cuivre, s. m. Métal qui sert dans l'architecture à faire des ornements, des crampons, etc.

Cul de four, s. m. Voûte sphérique.

Cul de lampe, s. m. Espèce de pendentif qui tombe des nervures des voûtes.

Cul de sac, s. m. C'est une petite rue sans issue.

Culée ou *butée,* s. f. Massif de pierre dure, qui arc-boute la poussée de la première et dernière arche d'un pont.

Culière, s. f. Pierre plate, creuse, avec une goulette qui reçoit l'eau d'un tuyau de descente.

Culot, s. m. Petit ornement de sculpture en façon de tigette, d'où sortent des rinceaux de feuillages.

Cuve de bain, s. f. Espèce de grand vase de pierre ou de marbre.

Cuvette, s. f. Vaisseau de plomb placé pour recevoir les eaux d'un chéneau et les conduire dans le tuyau de descente.

Cyzicènes, s. f. C'étaient chez les Grecs les plus magnifiques salles à manger exposées au nord sur des jardins.

D

Dais, s. m. Composition d'architecture et de sculpture qui sert à couvrir et couronner un autel, un dôme.

Dalles, s. f. pl. Pierres dures débitées par tranches de peu d'épaisseur.

Damoiselle ou *demoiselle*, s. f. Pièce de bois de cinq ou six pieds de haut, qui sert aux paveurs à enfoncer les pavés.

Dards, s. m. Bouts de flèches qu'on met parmi les oves qui ont la forme de cœur; on fait des dards en fer pour servir d'amortissement aux grilles.

Darse, s. f. Partie d'un port de mer où l'on tient à flot les vaisseaux désarmés.

Dé, s. m. Nom qu'on donne à tout corps carré.

Débiter, v. act. C'est scier de la pierre ou du bois.

Déblai, s. m. Extraction des terres.

Debout, adv. Se dit du bois mis de sa hauteur comme un poteau.

Décalquer. Voy. *Calquer*.

Décastyle, s. m. Ordonnance qui a dix colonnes de front.

Décharge, s. f. Petit lieu situé à côté d'un garde-meuble d'une garde-robe.

Décharge, s. f. Pièce de bois posée obliquement pour soulager la charge.

Déchaussé, adj. Épithète qu'on donne à un fondement lorsque ses fondations dégradées paraissent.

Déchet, s. m. Perte de matière occasionnée par la taille et les façons à donner aux matériaux.

DÉL 49

Décintrer, v. act. C'est démonter un cintre de charpente.

Décombrer, v. act. C'est enlever les graviers d'un atelier.

Décombres, s. m. pl. Ce sont les moindres matériaux qui sont de nulle valeur.

Décorateur, s. m. Faiseur de décorations de fêtes, de théâtres, de maisons.

Décoration, s. f. Nom général qu'on donne à tout ornement qui décore le dehors et le dedans d'un bâtiment et à l'ensemble de ses ornements.

Découvrir, v. act. Oter la couverture d'une maison.

Découvrir le bois. Lui donner la première ébauche.

Dédale. Voy. *Labyrinthe*.

Défense, s. f. Latte pendue au bout d'une longue corde, pour avertir les passants de s'éloigner d'une maison où l'on fait quelque réparation.

Dégagement, s, m. Petit passage ou escalier par lequel on peut s'échapper.

Dégauchir, v. act. Dresser une pièce de bois ou les parements d'une pierre.

Dégradé, adj. Bâtiment qui est devenu inhabitable, mur dégradé.

Degré. Voy. *Marche*.

Dégrossir, v. act. Faire la première ébauche d'un bloc de pierre.

Déjeté, adj. Se dit du bois qui travaille, qui se courbe, se retire.

Délarder, v. act. Piquer avec la pointe d'un marteau le lit d'une pierre et démaigrir ce qui en doit être posé en recouvrement.

Délarder. Terme de charpenterie : rabattre en chanfrein les arêtes d'une pièce de bois.

Délit, s. m. C'est le côté, le sens différent du lit qu'une pierre avait dans la carrière.

Déliter, v. act. Poser une pierre dans un bâtiment, en un sens contraire à celui qu'elle avait dans la carrière.

Démaigrir ou *amaigrir*, v. act. C'est couper une pierre à un joint de lit et de coupe.

Démaigrissement, s. m. C'est le côté d'une pierre ou d'une pièce de bois démaigri.

Demi-lune. Bâtiment dont le plan est semi - circulaire.

Demoiselle, s. f. Outil de paveur que l'on appelle aussi *hie*.

Démolir, v. act. C'est abattre un bâtiment.

Démolition, s. f. Action de démolir. — Matériaux qui en proviennent.

Démonter, v. act. Défaire avec soin un comble ou tout autre ouvrage.

Dent de loup, s. f. Espèce de gros clou qui sert pour arrêter les poteaux de cloison.

Denticules, s. f. pl. Ornements dans une corniche taillés en manière de dents.

Dépendances, s. f. pl. Bâtiments qui dépendent d'un édifice, tels que les écuries, remises.

Dépense, s. f. Pièce où l'on serre les provisions et les restes de viandes.

Dérobé, adj. Se dit des portes, escaliers, etc. qui sont cachés.

Descente, s. f. Voûte rampante qui couvre une rampe d'escalier, comme la descente d'une cave.

Descente d'experts. C'est la visite des experts.

Dessin, s. m. C'est la représentation géométrale ou perspective de ce qu'on a projeté.

Dessin au trait. Dessin arrêté à l'encre.

Dessinateur, s. m. Homme qui dessine et met au net des plans, profils et élévations des bâtiments.

Détail, s. m. C'est, dans un devis, le dénombrement exact des matériaux et façons d'un bâtiment. C'est aussi dans les mesures celui des parties cotées.

Détrempe, s. f. Couleur employée à l'eau et à la colle.

Détremper, v. act. C'est délayer un corps avec de l'eau.

Devanture, s. f. C'est le devant d'un siége d'aisance, de pierre ou de plâtre, d'une mangeoire d'écurie, d'un appui d'une boutique.

Développement, s. f. Faire le développement d'une pièce de trait, c'est se servir des lignes de l'épure pour en lever les différents panneaux.

Dévers, adj. Inclinaison d'un corps, comme un poteau posé obliquement dans un pan de bois. Le mot *devers* signifie encore la gauche d'une pièce de bois.

Déversoir, s. m. Ouverture pratiquée au sommet d'une digue pour laisser écouler les eaux.

Devis, s. m. Mémoire général des quantités, qualités, et façons des matériaux d'un bâtiment.

Dévoyer, v. act. Détourner de son aplomb un tuyau de cheminée ou descente, ou une chausse d'aisance.

Diable, s. m. Espèce de chariot à deux roues.

Diamètre, s. m. Ligne qui passe par le centre d'un cercle et aboutit de part et d'autre à sa circonférence.

Diastyle, s. m. Espace de trois diamètres ou de six modules entre deux colonnes.

Diglyphe, s. m. Triglyphe imparfait, ou une console ou corbeaux, lequel a deux gravures ou canaux ronds.

Digue, s. f. Construction destinée à retenir les eaux.

Dimension, s. f. Mesure de la longueur, la largeur ou la profondeur d'un corps.

Diminution ou *contracture*, s. f. C'est le rétrécissement bien proportionné d'une colonne, de bas en haut.

Diptère. Temple ayant deux rangs de colonnes isolées dans son extérieur.

Disposition, s. f. Arrangement des parties d'un édifice par rapport à l'ensemble.

Distribution, s. f. C'est la division des pièces qui composent le plan d'un bâtiment.

Distriglyphe, s. m. C'est l'espace de deux triglyphes sur un entre-colonnement dorique.

Doigt, s. m. Ancienne mesure romaine égale à vingt-un millimètres.

Dôme, s. m. C'est un comble de figure hémisphérique.

Donjon, s. m. Petit pavillon, ordinairement de charpente, élevé au dessus du comble d'une maison.

Dorer, v. act. Appliquer de l'or en feuilles au dedans ou au dehors des édifices.

Dorique, adj. Le second ordre d'architecture; le plus mâle et le plus sévère.

Dormant, adj. Se dit des ouvrages de serrurerie et de menuiserie qui ne sont point mobiles.

Dormant de croisée, s. m. Partie du châssis qui tient dans la feuillure de la baie.

Dortoir, s. m. Appartement destiné au sommeil dans les couvents, colléges, etc.

Dos-d'âne, s. m. Corps qui a deux surfaces inclinées.

Dosse, s. f. Grosse planche dont on se sert pour échafauder, voûter.

Dosse-flache. Première planche qui se lève d'un arbre.

Dosseret, s. m. Petit jambage qui fait le pied droit d'une porte ou d'une croisée.—Pilastre d'où un arc doubleau prend naissance du fond. Les demi-dosserets sont dans les encoignures.

Dossier, s. m. Partie d'un ouvrage de menuiserie contre laquelle on s'adosse.

Doubleau. Voy *Arc doubleau.*

Doubleaux, s. m. pl. Fortes solives des planchers.

Doucine, s. f. Moulure concave par le haut et convexe par le bas. On l'appelle aussi *gueule droite*, et lorsqu'elle fait l'effet contraire , *gueule renversée.*

Douelle, s. f. Parement intérieur d'une voûte, et la partie courbe du dedans d'un voussoir.

Dresser, v. act. Élever aplomb quelque corps.

Droit, adj. Opposé de biais, ainsi on dit une porte droite , un berceau droit , etc.

E

Ébauche, s. f. Première forme qu'on donne à une pierre, à un marbre.

Ébaucher, v. act. Faire l'ébauche.

Ébousiner, v. act. Oter le bouzin d'une pierre ou d'un moellon.

Ébraser, v. act. Élargir une baie de porte, de croisée du côté du parement antérieur du mur.

Écailles, s. f. pl. Petits ornements qui se taillent en manière d'écailles de poisson.— Ecailles ou éclats de marbre.— Recoupes dont on fait la poudre de stuc.

Échafaud, s. m. Espèce de plancher , porté sur des baliveaux et boulins scellés dans les murs pour bâtir.

Échafaudage, s. m. C'est l'assemblage des pièces nécessaires pour dresser les échafauds.

Échantillon, s. m. Mesure conforme à l'usage et aux ordonnances.

Échappée, s. f. Espace suffisant pour le passage d'une voûte.— Passage sous la rampe d'un escalier.— Vue resserrée entre des maisons, des montagnes, etc.

Échaquette, *échauguette*, *guérite*, s. f. ou *donjon*, s. m. Espèce de tournelle élevée sur une tour ou une terrasse pour faire le guet.

Écharpe, s. f. Pièce de bois avancée au dehors, où est attachée une poulie pour enlever un fardeau.

Écharper, v. act. C'est haller et chabler une pièce de bois.

Échasses, s. f. pl. Règles de bois minces pour juger les hauteurs et retombées des voussoirs.

Échasses d'échafaud. Grandes perches debout, nommées aussi *baliveaux*.

Échaudoir, s. m. Lieu où les bouchers assomment et dépouillent les animaux.

Écheia ou *échea*, s. m. Vase d'airain que les Anciens faisaient entrer dans la construction des théâtres pour donner plus de force et d'éclat à la voix des acteurs.

Échelage, s. m. C'est le droit de poser une échelle sur la maison d'autrui.

Échelier ou *rancher*, s. m. Longue pièce de bois traversée de petits échelons appelés *ranches*, qu'on pose à plomb pour descendre dans une carrière.

Échelle, s. f. Mesure proportionnelle qu'on met au bas des dessins pour les mesurer.

Échelle. Espèce d'escalier composé de deux montants réunis par des traverses.

Échiffre ou *parpin d'échiffre*, s. m. Mur rampant par le haut, qui porte les marches d'un escalier.

Échine, s. f. C'est, dans un quart de rond taillé, la coque qui renferme l'ove.

Échoppe, s. f. Petite boutique de menuiserie adossée contre un mur,

Éclats, s. m. pl. Morceaux de bois ou de pierre qu'on enlève en dégrossissant une pièce de bois ou un bloc de pierre.

Écluse, s. f. Ouvrage de maçonnerie et de charpenterie fait pour soutenir et pour élever les eaux.

Écoinçon, s. m. C'est dans le pied-droit d'une porte ou d'une croisée, la pierre qui fait l'encoignure.

Écoles, s. m. pl. Bâtiment où l'on enseigne publiquement les sciences.

Écoperche ou *escoperche*, s. f. Pièce de bois avec une poutre qu'on ajoute au bec d'une grue, pour lui donner plus de volée.

Écornure. Voy. *épaufrure.*

Écoutes, s. f. pl. Tribunes à jalousie où se tiennent les personnes qui ne veulent point être vues.

Écume, s. f. Nom sous lequel on emploie le mâchefer dans les ouvrages de rocaille.

Écurie, s. f. Bâtiment destiné à la demeure des chevaux.

Écusson, s. m. Ornement de sculpture ayant la forme d'un bouclier.

Écuyer, s. m. Perche de bois qu'on pose à hauteur d'appui le long des escaliers pour aider les personnes qui montent ou descendent.

Édifice, s. m. Terme synonyme de bâtiment. Voy. *Bâtiment.*

Église, s. f. Lieu où les chrétiens font le service divin.

Égout, s. m. Extrémité du bas d'un comble. — Canal voûté par lequel s'écoulent les immondices d'une ville.

Élégir, v. act. C'est, en menuiserie, pousser à la main un panneau, une moulure.

Élévation, s. f. Représentation de la façade d'un bâtiment.

Élève, s. m. Apprenti ou disciple dans l'exercice de l'architecture.

Élever, v. act. C'est donner de la hauteur à un bâtiment.

Embarcadère, s. m. Construction pour faire aborder les bateaux facilement.

Embasement, s. m. Espèce de base continue au pied d'un édifice.

Emboîture, s. f. Traverse d'environ cinq pouces, qu'on met à chaque bout d'une porte, pour retenir en mortaises les ais à tenon et chevillés.

Embranchements, s. m. pl. Pièces de l'enrayure assemblées de niveau avec le coyer et les empanons dans la croupe d'un comble.

Embraser ou *ébraser*, v. act. Elargir en dedans la baie d'une porte ou d'une croisée.

Embrassure, s. f. Bandes de fer autour d'une cheminée, d'une poutre, etc.

Embrasure, s. f. ou plutôt *ébrasement*. s. m. Élargissement oblique qu'on fait au dedans d'une porte ou d'une croisée.

Embrévement. Assemblage par embrévement, qui reçoit le bout démaigri d'une pièce de bois sans tenon ni mortaise.

Empanons. Chevrons de croupe.

Empattement, s. m. C'est une plus large épaisseur de maçonnerie qu'on laisse devant et derrière, dans un mur de face ou de refend.

Encastrer, v. act. Enchâsser par entaille une pierre dans une autre, ou un crampon dans deux pierres.

Enceinte. Voy. *Circuit.*

Enchevauchure, s. f. Jonction par recouvrement, ou feuillure de quelque partie avec une autre.

Enchevêtrure, s. f. C'est, dans un plancher, un assemblage de deux solives et d'un chevêtre qui laisse un vide pour porter un âtre de cheminée.

Enclave, s. f. Objet qui est enclavé.—On dit qu'une cage d'escalier dérobé, ou qu'un ou plusieurs tuyaux de cheminée font enclave dans une chambre, quand, par leur avance, ils en diminuent la grandeur.

Enclaver, v. act. Encastrer, enfermer un corps dans un autre, comme, par exemple, encastrer les bouts des solives d'un plancher dans les entailles d'une poutre.

Enclos. Voy. *Clôture.*

Encoignure, s. f. Nom qu'on donne aux coins principaux d'un bâtiment, et à ceux de ses avant-corps.

Encorbellement, s. m. Nom général qu'on donne à toute saillie qui porte à faux sur quelque console ou corbeau, au delà du nu d'un mur.

Encre de la chine, s. f. Ceci n'est point un terme d'architecture, mais le nom d'une sorte d'encre en usage dans les dessins d'architecture.

Enduit, s. m. Composition qui sert à revêtir un mur.

Enfaîtement, s. m. C'est une table de plomb qui couvre le faîte d'un comble d'ardoise.

Enfaîter, v. act. Couvrir le faîte d'un comble.

Enfilade, s. f. C'est l'alignement de plusieurs portes de suite dans un appartement.

Enfoncement, s. m. C'est la profondeur des fondations d'un bâtiment, d'un puits.

Enfourchement, s. m. pl. Premières retombées des

angles des voûtes d'arête, dont les voussoirs sont à branches.

Engager, v. act. Faire pénétrer une construction dans une autre.

Engin, s. m. Nom générique de toutes les machines employées dans la construction.

Engraissement, s. m. Action de joindre si juste des pièces de bois, que, pour ne laisser aucun vide dans les mortaises, les tenons y entrent par force.

Enlier, v. act. Engager les pierres et les briques ensemble en élevant les murs.

Ennusure ou *Annusure*, s. f. Morceau de plomb en forme de basque au pied des poinçons et amortissement d'un comble.

Enrayure, s. f. Assemblage de charpente composé d'entraits, coyers, goussets, qui sert à retenir les fermes et demi-fermes d'un comble.

Enrochement, s. m. Amas de pierres pour défendre les piles et les culées d'un pont contre les affouillements.

Enroulement, s. m. Nom général qu'on donne à tout ce qui est contourné en ligne spirale.

Ensemble, s. m. Terme dont on se sert pour exprimer la masse d'un bâtiment, et la proportion relative des parties au tout.

Enseuillement, s. m. Appui d'une fenêtre au-dessus de trois pieds.

Entablement, s. m. C'est la troisième et supérieure partie d'un ordre, qui repose sur la colonne.

Entaille, s. f. C'est une ouverture qu'on fait pour joindre une chose avec une autre.

Entamures de carrière, s. f. pl. Ce sont les premières pierres qu'on tire d'une carrière nouvellement découverte.

Enter, v. act. C'est joindre bout à bout, et à plomb des pièces de bois de charpente de même grosseur.

Entoiser, v. act. C'est arranger carrément des matériaux informes, pour mesurer le cube.

Entrait, s. m. Maîtresse pièce de bois dans laquelle s'assemblent les deux forces d'une ferme.

Entre-colonne ou *Entre-colonnement*, s. m. Espace qui est entre deux colonnes, et qui est mesuré par une ligne perpendiculaire, tirée de l'axe d'une colonne sur l'axe de celle qui est à côté.

Entre-coupe, s. f. C'est le dégagement qui se fait dans un carrefour étroit, par deux pans coupés opposés, pour faciliter le tournant des voitures.

Entre-coupe de voûte. C'est le vide qui reste entre deux voûtes sphériques l'une sur l'autre.

Entrée, s. f Terme général qui signifie l'endroit par où l'on entre dans quelque lieu.

Entrelacs, s. m. Ornement de listels et de fleurons, liés et croisés les uns avec les autres.

Entre-modillon, s. m. C'est l'espace qui est entre deux modillons.

Entre-pilastre, s. m. C'est l'espace qui est entre deux pilastres.

Entrepôt, s. m. Espèce de magasin où l'on tient en dépôt les marchandises.

Entrepreneur, s. m. C'est le nom de celui qui entreprend un bâtiment pour une certaine somme.

Entresol, s. m. Petit étage pratiqué entre le rez-de-chaussée et le premier.

Entretien, s. m. Réparation annuelle des ouvrages.

Entretoise, s. f. Pièce de bois qui sert à entretenir les poteaux d'une cloison, d'un pan de bois, etc.

Entrevous, s. m. Espace qui est entre chaque solive d'un plancher.

Épaufrure, s. f. Éclat du bord du parement d'une pierre.

Épaulée, s. f. On dit qu'une maçonnerie est faite par épaulées, lorsqu'elle n'est pas élevée de suite ni de niveau.

Épaulement, s. m. C'est toute portion de mur qui sert à en soutenir une autre.

Éperon. Voy. *Contre-forts*.

Épi, s. m. C'est, dans un comble circulaire, l'assemblage des chevrons à l'entour du poinçon. — Défense en maçonnerie ou en fascinage pour préserver les bords d'une rivière des effets du courant.

Épi de faîte. C'est le bout d'un poinçon qui paraît au-dessus du faîte d'un comble.

Épigeonner, v. act. C'est employer le plâtre un peu serré, sans le plaquer, ni le jeter, mais le lever doucement avec la main et la truelle.

Épigraphe, s. f. C'est le nom de toutes les inscriptions qui servent dans les bâtiments pour en faire connaître l'usage et le temps de leur construction, etc.

Épistyle, s. m. Synonyme d'architrave. Quelques auteurs désignent ainsi la petite dalle qui dans quelques monuments est interposée entre le tailloir du chapiteau et la colonne.

Épitaphe, s. f. C'est une inscription qu'on met sur un tombeau.

Épuisement, s. m. Opération par laquelle on épuise les eaux pour découvrir le sol et jeter les fondations.

Épure, s. f. C'est la figure d'une pièce de trait.

Équarrir, v. act. C'est mettre une pierre ou une pièce de bois d'équerre en tous sens.

Équarrissage, s. m. On dit qu'une pièce de bois est à

six sur huit pouces d'équarrissage, pour signifier **ses deux plus** courtes dimensions.

Équarrissement, s. m. C'est la réduction d'une pièce de bois en grume à la forme carrée.

Équerre, s. f. Instrument de fer, de cuivre ou de bois, qui sert à tracer ou à vérifier un angle droit.

Équerre de fer. Lien de fer coudé que l'on met aux portes de menuiserie et à d'autres ouvrages.

Équidistant, adj. Epithète qu'on donne à une chose également éloignée d'une autre.

Équipage, s. m. On comprend sous ce nom général tout ce qui sert pour la construction et pour le transport des matériaux.

Érestier. Voy. *Arêtier*.

Ériger, v. act. C'est élever une chose. On dit ériger un mur, ériger un pan de bois.

Escalier, s. m. Assemblage de marches ou degrés qui sert à faire communiquer les étages et à y parvenir.

Escape. Voy. *Congé*.

Escarpe, s. f. Mur en talus depuis le pied d'un bâtiment jusqu'au cordon, qui fait un côté du fossé. Et *contrescarpe* est le mur qui lui est opposé de l'autre côté du fossé.

Escarper, v. act. C'est, en coupant un roc ou des terres naturelles, leur donner le moins de talus qu'il est possible.

Escoperches, s. f. pl. Grandes perches comme des baliveaux, qui servent pour échauder.

Esmilier, v. act. C'est travailler le grès ou la pierre avec la pointe du marteau.

Esmilier le moellon. C'est en ôter le bousin, et l'atteindre jusqu'au vif.

Espacement, s. m. C'est toute distance entre un corps et un autre.

Esplanade, s. f. Lieu élevé à découvert, pratiqué aux environs d'une ville ou devant un édifice pour se promener.

Esquisse, s. f. C'est le premier crayon ou une légère ébauche d'un morceau d'architecture.

Esselier, s. m. Pièce de bois qui s'assemble dans la jambe de force, et qui supporte l'entrait. On l'appelle aussi *goussel*.

Essieu. Voy. *Cathète*.

Estoquiau, s. m. espèce de cheville qui tient le ressort d'une serrure.

Estrade, s. f. Espèce de marchepied sur lequel posent le lit, les trônes, les buffets, etc.

Étable, s. f. Bâtiment où l'on tient le bétail.

Établir, v. act. Rendre stable. Les maçons disent établir des pierres, pour dire tracer dessus le parement quelque marque ou lettre alphabétique, pour destiner à chacune sa place.

Étage, s. m. On entend par ce mot toutes les pièces d'un ou de plusieurs appartements qui sont sur un même plan.

Étai, s. f. Pièce de bois posée en arc-boutant pour retenir quelque mur déversé et en surplomb.

Étal. Voy. *Boucherie*.

Étaloner, v. act. C'est réduire des mesures à pareilles distance, longueur et hauteur, en y marquant des repères.

Étançon, s. m. Manière d'étai pour retenir ferme un mur ou un pan de bois.

Étanfiche, s. f. Hauteur de plusieurs bancs de pierre, qui font masse dans une carrière.

Étang, s. m. Grand réservoir d'eau dans un lieu bas, fermé par une digue.

Étayer, v. act. C'est retenir avec de grandes pièces de bois un bâtiment qui tombe en ruine.

Ételon, s. m. Épure des fermes et de l'enrayure d'un comble, des plans d'escaliers et de tout autre assemblage de charpenterie, qu'on trace sur une aire plane.

Étrésillon, s. m. Pièce de bois serrée entre deux dosses, pour empêcher l'éboulement des terres dans la fouille des tranchées d'une fondation.

On nomme encore *étrésillon* une pièce de bois assemblée à tenon et mortaise, avec deux couches qu'on met dans les petites rues, pour retenir à demeure des murs qui bouclent et qui déversent. Ces étresillons s'appellent aussi *étançons*.

Étresillonner, v. act. C'est retenir les terres et les bâtiments avec des dosses et des étresillons en travers.

Étrier, s. m. Espèce de lien de fer, coudé carrément en deux endroits.

Étudier, v. act. Étudier un projet, c'est se rendre raison des rapports de l'exactitude des proportions et de l'effet à venir.

Étuve, s. f. Lieu fermé que l'on chauffe pour y faire suer les personnes qui en ont besoin.

Évaluer, v. act. C'est, dans l'estimation des ouvrages, en régler le prix par compensation.

Évêché, s. m. C'est le palais d'un évêque, ordinairement joint à une église cathédrale.

Évier, s. m. Pierre creuse qu'on met dans une cuisine pour en faire écouler l'eau.

Euripes, s. m. pl. Les anciens Romains appelaient ainsi leurs moindres jets d'eau, et *Nili* leurs plus grands.

Eurythmie, s. f. Mot grec qui signifie la beauté des proportions d'architecture.

Eustyle, s. m. C'est la meilleure manière d'espacer les colonnes, selon Vitruve, laquelle consiste à donner à leur intervalle deux diamètres et un quart.

Évider, v. act. C'est tailler à jour quelques panneaux de bois, pour les rendre légers, et pour voir à travers sans être vu.

Exastyle, s. m. Porche qui a six colonnes de front.

Exèdres, s. m. pl. C'étaient, chez les anciens, des lieux garnis de bancs et de siéges, où disputaient les philosophes, les orateurs.

Exhaussement, s. m. C'est une hauteur ou une élévation ajoutée sur un mur.

Expert, s. m. C'est un homme habile dans l'art de bâtir, qui est préposé pour régler le prix, quand il n'y a pas de marché par écrit.

Exposition, s. f. C'est la manière dont un bâtiment est exposé, par rapport au soleil et aux vents.

Extrados, s. m. C'est la convexité extérieure d'une voûte; et *intrados* ou *douelle*, celle du dedans.

Extradossé, adj. On dit qu'une voûte est extradossée, lorsque le dehors n'en est pas brut; qne le parement extérieur est aussi uni que celui de la douelle.

F

Fabrique, s. f. Signifie, en Italie, un bâtiment considérable; et en France, généralement les petites constructions telles que pavillons, tours, ruines, etc., dont on décore les jardins pittoresques.

Façade, s. f. C'est la face que présente un bâtiment considérable sur une rue, une cour ou un jardin.

Face, s. f. Membre plat comme la bande d'un architrave, d'un larmier.

Faisanderie, s. f. Maison où l'on élève des faisans.

Faitage, s. m. Pièce de bois qui fait le haut de la charpente d'un bâtiment , et où les chevrons sont arrêtés par en haut.

Faîte , s. m. C'est la partie la plus élevée du comble d'une maison.

Faîtière , s. f. Tuiles qui recouvrent le faîtage.

Fanal , s. m. Tour haute et menue au bout d'un môle, ou avancée en mer sur quelque écueil , d'où l'on découvre les vaisseaux , et qui , par le moyen de la lumière qu'on y expose, sert à les guider pour les conduire à la rade et dans le port.

Fauconneau , s. m. C'est la pièce de bois posée en travers sur le haut d'un engin, qui a deux poulies à ses bouts.

Fauconnerie , s. f. C'est un bâtiment qui consiste en volières, pour y nourrir toutes sortes d'oiseaux de proie, servant à la chasse.

Fausse alette , s. f. C'est un arrière-pied-droit en renfoncement, qui porte une arcade ou une plate-bande.

Fausse-arcade , s. f. C'est un renfoncement cintré.

Fausse-braie , s. f. C'est une terrasse continue entre le fossé et le pied d'un château.

Fausse-coupe , s. f. Sorte d'assemblage qui n'est ni à l'équerre ni à onglet, et qui se trace avec la sauterelle.

Fausse-équerre , s. f. Instrument dont les charpentiers se servent pour prendre des angles qui ne sont pas droits.

Fausse-hotte , s. f. C'est la hotte d'une cheminée dont le tuyau est dévoyé , qui ne sert que pour en cacher la difformité.

Fausse-porte , s. f. Porte qui ne s'ouvre pas.

Faux-comble , s. m. C'est le petit comble qui est au-dessus du brisis d'un comble à la mansarde.

Faux-jour , s. m. C'est une fenêtre percée dans une cloison , pour éclairer un passage qui ne peut avoir du jour d'ailleurs.

Faux-manteau, s. m. Manteau de cheminée porté par des consoles et non par un chambranle montant de fond.

Faux-plancher, s. m. C'est, au-dessous d'un plancher, un rang de solives, qui se fait pour diminuer l'exhaussement d'une pièce d'appartement.

Femelle, s. f. Morceau de cuivre enchâssé dans le claveau d'une porte pour recevoir par en haut un pivot garni attaché à un ventail, afin d'aider à le faire tourner verticalement.

Fenêtrage, s. m. Nom qu'on donne en général à toutes les croisées de bois ou de fer d'un bâtiment.

Fenêtre, s. f. Ouverture dans les murs de face pour donner du jour. Voy. *Croisée*.

Fenêtre mezzanine. Petite fenêtre moins haute que large ou carrée.

Fenil, s. m. C'est le grenier ou tout autre lieu où l'on serre le foin.

Fentons, s. m. pl. Morceaux de fer fendus par les deux bouts, qu'on scelle dans les tuyaux et souches de cheminée pour les entretenir.

Fer, s. m. Métal qui se fond et se forge, et dont on se sert dans les bâtiments.

Fer à cheval, s. m. Terrasse circulaire à deux rampes en pente douce.

Ferme ou métairie, s. f. C'est une maison à la campagne, avec basse-cour, granges et étables, etc.

Ferme, s. f. Assemblage de charpente pour soutenir le comble d'un bâtiment.

Fermette, s. f. Petite ferme d'un faux-comble ou d'une lucarne.

Fermer, v. act. Verbe qui dans l'art de bâtir a plusieurs significations; par exemple, fermer un arc, une plate-bande, une voûte, etc, c'est y mettre la clef pour achever de la bander. Fermer une assise, c'est achever de la remplir par un clausoir. Fermer une porte ou une fenêtre en plein cintre, en plate-bande, etc., c'est sur ses pieds-droits faire une arcade ou linteau droit. Fermer une baie, c'est la murer pleine ou de demi-épaisseur.

Fermeture, s. f. Ce qui ferme une porte, une croisée, etc.

Ferrer, v. act. C'est garnir un ouvrage de menuiserie, de gonds, de fiches, etc.

On dit aussi, ferrer un mur, lorsqu'on bouche tous ses joints avec du ciment, qu'on presse fortement avec le dos de la truelle.

Ferrure, s. f. Nom général qu'on donne à tout fer de menus ouvrages, qu'on emploie aux portes et aux croisées de menuiserie.

Feston, s. m. Ornement de sculpture en manière de cordons de fleurs, de fruits ou de feuilles liées ensemble.

Feuillages, s. m. pl. Branches de feuilles dont on orne les frises, gorges, tympans, etc.

Feuilles, s. f. pl. Ornements de sculpture qui servent à la décoration des édifices.

Feuillure, s. f. C'est l'entaille en angle droit, qui est entre le tableau et l'embrasure d'une porte ou d'une croisée pour y loger la menuiserie.

Fiche, s. f. Petit morceau de fer pour unir les pentures, clous sans tête.

Grand couteau de maçon pour remplir les joints, les fentes.

Ficher, v. act. Faire entrer du mortier dans les joints de lit de pierres.

Fier, adj. Épithète qu'on donne à de la pierre et à du marbre fort durs.

Figure, s. f. Représentation du corps humain, qui forme un ornement en architecture.

Fil, s. m. C'est, dans la pierre et le marbre, une veine qui les coupe ; et c'est, dans le bois, le sens du bois considéré par la longueur de sa tige.

Filardeux, adj. Épithète qu'on donne au marbre et à la pierre, qui ont des fils qui les font déliter.

Filet, s. m. Nom qu'on donne à toute moulure qui en accompagne ou couronne une plus grande.

Filet, s. m. Sorte de maçonnerie en losange, qui imite en effet le filet, et que les Romains appelaient, pour cela, *opus reticulatum*.

Filières, s. f. pl. Veines à plomb qui interrompent les bancs dans les carrières.

Filières de comble, Pannes qui portent les chevrons ou faux-comble d'une mansarde.

Filotières, s. f. pl. Bordures d'un panneau de vitrerie.

Flache, s. f. Déchet du bois à l'endroit où était l'écorce. —Enfoncement du pavé, du carrelage.

Flamme, s. f. Ornement de sculpture.

Flanc, s. m. C'est le plus petit côté d'un pavillon.

Flanquer, v. act. C'est donner plus ou moins de saillie à un pavillon.—Ajouter des ouvrages en saillie à l'extrémité d'un bâtiment.

Fléau, s. m. Barre de fer mobile passée pour fermer sûrement une porte.

Flèche de clocher, s. f. C'est le chapiteau d'un clocher qui a beaucoup de hauteur et qui se termine en pointe.

Fleuron, s. m. Feuille ou fleur imaginaire, qui n'est point imitée des fleurs naturelles.

Flipot, s. m. Petit morceau de bois qui sert pour remplir un trou ou une gerçure.

Foire, s. f. Bâtiment où se tiennent des marchés publics.

Fondation, s. f. C'est la fouille des terres pour fonder un bâtiment.

Fondement, s. m. Maçonnerie enfermée dans la terre, pour asseoir un édifice.

Fonder, v. act. C'est asseoir les fondements d'un édifice, sur un terrain estimé bon.

Fonderie, s. f. Grand bâtiment pour fondre des canons, des statues, etc.

Fondigue, s. f. Magasin d'un port de mer ou d'une ville de grand commerce.

Fondis, s. m. Espèce d'abîme causé par le défaut de consistance du terrain.

Fondoir, s. m. Lieu faisant partie d'une boucherie ou d'un abattoir où l'on fond le suif.

Fondrière, s. f. C'est, en architecture, un terrain marécageux, peu avantageux pour bâtir.

Fonts ou *fond*, s. m. C'est le terrain propre à fonder.

Fond d'ornement. Champ sur lequel on taille et on peint les ornements.

Fontaine, s. f. Ouvrage d'architecture destiné à recevoir et à distribuer l'eau.

Fontainier, s. m. Celui qui construit les fontaines.

Fonds baptismaux, s. m. pl. Chapelle renfermant une cuve de pierre ou de marbre où l'on baptise.

Force ou *jambe de force*, s. m. Maîtresse pièce d'une ferme, qui porte l'entrait et les pannes.

Forêt, s. f. C'est le nom qu'on donne à une grande quantité de pièces de bois de charpente, qui composent le comble d'un grand bâtiment.

Forge, s. f. C'est un grand bâtiment pour y fondre et fabriquer le fer.

Forjeter, v. n. On dit qu'un mur se forjette, lorsqu'il se jette en dehors.

Forme, s. f. Espèce de libage dur, qui provient des ciels de carrière.

Forme de pavé. C'est la couche de sable sur laquelle est établi le pavé des rues.

Formeret, s. m. Nervure d'une voûte en ogive et qui suit le contour de ses arcs.

Formes d'église, s. f. pl. On appelle ainsi les siéges du chœur d'une église.

Fort, s. m. Situation avantageuse d'une pièce de bois.

Fosse, s. f. Nom général qu'on donne à toute ouverture en terre, destinée à divers usages dans les bâtiments, comme de citerne, de cloaque, de lieux d'aisance.

Fossé, s. m. Espace creusé à l'entour d'un château, d'une propriété.

Foudre, s. f. Ornement de sculpture en manière de flamme tortillée avec des dards.

Fouetter, v. act. C'est jeter du plâtre clair avec un balai contre le lattis d'un lambris on d'un plafond pour l'enduire.

Fouille, s. f. C'est toute ouverture faite, fouillée en terre, soit pour une fondation ou pour le lit d'un canal, d'une pièce d'eau.

Fouiller, v. act. C'est évider et tailler profondément les ornements pour leur donner du relief.

Four, s. m. Petit lieu circulaire pour faire le pain ou la pâtisserie.

Fourche. Voy. *Pendentif.*

Fourchette, s. f. C'est l'endroit où les deux petites noues de la couverture d'une lucarne se joignent à celle d'un comble.

Fourneau, s. m. Lieu pour fondre divers métaux.

Fourneau de cuisine. Petite table qui sert à faire cuire à part les mets.

Fournil, s. m. Lieu près de la cuisine où sont les fours.

Fourrière, s. f. Bâtiment où l'on met par bas le bois, le

charbon et autres provisions semblables , et où les officiers qui les distribuent ont leur logement au-dessus.

Foyer , s. m. C'est la partie de l'âtre qui est entre les jambages d'une cheminée.

Fragment, s. m. Morceau d'architecture trouvé parmi des ruines.

Fresque, s. f. C'est une peinture à l'eau sur un enduit nouvellement fait de chaux ou de sable.

Frette, s. f. Cercle de fer dont on arme une pièce de bois pour l'empêcher de s'éclater.

Fretter, v. act. C'est mettre une frette.

Frise, s. f. Grande face plate, qui sépare l'architrave d'avec la corniche, l'une des trois parties de l'entablement.

Front, s. m. C'est la partie du corps d'un bâtiment qui se présente au principal aspect ; on dit aussi *frontispice*.

Fronton, s. m. Corniche triangulaire qui décore les avant-corps, les portes, les croisées, etc.

Fruit, s. m. C'est une petite diminution de bas en haut d'un mur, qui cause par dehors une inclinaison peu sensible.

Fruits, s. m. pl. Ornements de sculpture qui imitent les fruits naturels.

Fruiterie, s. f. Bâtiments avec tablettes, où l'on conserve les fruits ; on dit aussi *fruitier*.

Fusarole, s. f. Petit membre rond ou astragale, quelquefois taillé d'olives et de grains, qui est sous l'ove des chapiteaux dorique, ionique et composite.

Fuselé, adj. Se dit des colonnes qui procèdent du fuseau de la fileuse. On dit aussi colonnes *renflées*.

Fût, s. m. Tronc d'une colonne, sans y comprendre la base ni le chapiteau.

Futée, s. f. C'est une composition de colle-forte et sciure de bois, dont les menuisiers se servent pour remplir les trous, fentes et autres défauts du bois.

G

Gache, s. f. Plaque de fer qui reçoit le pêne d'une serrure.

Gâcher, v. act. C'est détremper dans une auge le plâtre avec de l'eau.

Gaîne, s. f. C'est la partie inférieure d'un terme qui va en diminuant de haut en bas.

Galbe, s. m. C'est le contour des feuilles d'un chapiteau ébauché, prêtes à être refendues. On désigne encore par le mot *galbe* le contour d'un dôme, d'un vase, d'un balustre, etc.

Galerie, s. f. Lieu couvert, situé ordinairement sur les ailes d'un bâtiment.

Galerie d'architecture. C'est une galerie dont le principal ornement consiste dans un ordre d'architecture.

Galerie de peinture. Galerie qui renferme des tableaux dans les panneaux d'un lambris.

Galerie de sculpture. Galerie ornée de statues, bustes et bas-reliefs antiques.

Galetas, s. m. Étage pris dans un comble.

Garde-corps, s. m. Voy. *Garde-fou.*

Garde-fou, s. m. Balustrade ou parapet à hauteur d'appui le long d'un quai, d'un pont.

Garde-manger, s. m. Petit lieu près d'une cuisine pour serrer les viandes.

Garde-meuble, s. m. Galerie où l'on serre les meubles.

Garde-robe, s. f. Petite pièce d'un appartement où l'on serre les habits.

Gargouille, s. f. Ouverture pratiquée à une cimaise, à une fontaine, etc., pour l'écoulement des eaux.

Garni ou *remplissage*, s. m. C'est la maçonnerie qui est entre les carreaux et les boutisses d'un gros mur.

Garniture de comble, s. f. Nom commun aux lattes, tuiles ou ardoises, et au plomb.

Gauche, adj. Epithète qu'on donne au parement d'une pierre, d'une pièce de bois, etc., dont la surface n'est pas développable.

Génies, s. m. pl. Figures d'enfants avec des ailes et des attributs.

Gerçures, s. f. pl. Ce sont des cassures ou fentes dans le plomb, dans les conduits de plâtre, dans le bois et dans le fer.

Gip ou *gypse*, s. m. Espèce de pierre transparente, qui se débite par feuilles comme le talc, dont on fait un plâtre très-fin.

Giron, s. m. C'est la largeur de la marche sur laquelle on pose le pied.

Girouette, s. f. Petite enseigne ou banderole faite de tôle ou de fer-blanc qu'on met sur le sommet des édifices pour connaître la direction du vent.

Glacière, s. f. Réservoir construit de façon qu'on y peut conserver de la glace sans qu'elle se fonde.

Glacis, s. m. Pente douce et insensible qui rachète la différence de niveau de deux terrains.

Glacis de corniche, s. m. Pente peu sensible sur la cimaise d'une corniche, pour faciliter l'écoulement des eaux de pluie.

Glaçons, s. m. pl. Ornements de sculpture de pierre ou de marbre, qui imitent les glaçons naturels, et qu'on met au bord des bassins des fontaines, aux grottes.

Glaise, s. f. Terre grasse dont on fait les ouvrages de poterie, comme tuiles, carreaux.

Glaiser, v. act. C'est faire un corroi de glaise bien pétrie et bien battue au pilon.

Gliphe ou *glyphe*, s. m. Nom général qu'on donne à tout canal creusé circulairement, ou en anglet.

Gobeter, v. act. C'est jeter du plâtre avec la truelle, et passer la main dessus.

Godrons, s. m. pl. Ornements en forme d'amandes, tuilés sur une moulure en demi-cœur.

Gond, s. m. Morceau de fer coudé qui sert à porter le vantail.

Gorge, s. f. Espèce de moulure concave, plus large et moins profonde qu'une scotie.

Gorgerin, s. m. C'est, dans le chapiteau dorique, la petite frise qui est entre l'astragale et les annelets.

Gothique, adj. Genre d'architecture apporté de l'orient ; elle a de la solidité, de la hardiesse et du merveilleux.

Goujon, s. m. Cheville de fer qu'on emploie pour réunir des pierres.

Goulette, s. f. Petit canal taillé dans des tablettes de pierre ou de marbre, et interrompu de distance en distance par de petits bassins qui forment des cascades.

Goulote, s. f. Petite rigole taillée sur la corniche pour faciliter l'écoulement des eaux de pluie par les gargouilles.

Gousses, s. f. pl. Espèce de cosses de fèves qui servent d'ornement dans le chapiteau ionique de cosses antique.

Goût, s. m. Terme usité par métaphore dans l'architecture, pour signifier la bonne ou mauvaise manière d'inventer, de dessiner ou de travailler.

Gouttes, s. f. pl. Ornements ronds qui représentent des gouttes d'eau, et qui sont, ou comme de petits cônes, ou triangulaires comme de petites pyramides, au bas des triglyphes.

Gouttière, s. f. Canal qui sert à recevoir les eaux pluviales sous les tuiles d'un comble.

Gradation, s. f. Disposition de plusieurs parties d'architecture, qui forment un amphithéâtre.

Gradins, s. m. pl. On appelle ainsi les degrés qui sont sur la table d'un autel, d'un buffet.

Au pluriel, signifie des bancs au dessus les uns des autres.

Gradins de dôme. Nom qu'on donne à des degrés faits en manière de retraite, fort large, en bas d'un dôme.

Grain d'orge, s. m. C'est une petite cavité entre les moulures de menuiserie pour les dégager. Les menuisiers appellent grain d'orge un assemblage en adent.

Grandiose, adj. Epithète qu'on donne à tout monument qui présente de grandes masses simples et pures de proportions. Il est quelquefois substantif : *ce monument a du grandiose*.

Grange, s. f. Pièce d'une métairie où l'on serre et où l'on bat les blés.

Granit, s. m. Pierre fort dure, dont on fait des marches, des colonnes, etc.

Gras, adj. Épithète que les ouvriers donnent à un angle obtus ou à une pièce trop grosse pour la place qu'elle doit remplir.

Graticuler, v. act. Réduire un dessin au moyen des carreaux.

Gravier, s. m. C'est le plus gros sable ; le meilleur se tire des rivières.

Gravois, s. m. pl. Ce sont les plus petites pierres et plâtras provenant de la démolition d'un bâtiment.

Grenier, s. m. Lieu dans une maison où l'on serre les grains, la paille, le foin.

Greniers d'abondance ou *publics*. Grands bâtiments

où l'on conserve les grains , afin que pendant la disette le peuple puisse subsister.

Grès, s. m. Espèce de roche formée par la réunion de plusieurs grains de sable condensés.

Gresserie, s. f. Nom commun à la roche dont on tire le grès, et à un ouvrage d'architecture et de sculpture fait de cette matière.

Griffon, s. m. Terme de décoration. Animal fabuleux dont les anciens faisaient usage pour décorer leurs bâtiments.

Grillage, s. m. Assemblage de charpente qu'on établit sur le sol pour y asseoir les fondements.

Grille, s. f. Assemblage de barreaux formant clôture, parloir, portes, etc.

Gris, s. m. Couleur mélangée de noir et de blanc.

Grisaille, s. f. Peinture de couleur de pierre ou de marbre blanc, qui imite les saillies et ornements de l'architecture.

Gros, adj. Épithète qu'on donne à une pièce de bois, lorsque ses deux plus courtes dimensions sont égales.

Grotesques, s. m. pl. Petits ornements imaginaires mêlés de figures d'animaux, de feuillages, de fleurs et de fruits.

Grotte, s. f. Construction empruntée des enfoncements souterrains que la nature a ménagés dans le flanc des montagnes et des rochers.

Groupe, s. m. Assemblage de plusieurs colonnes accouplées ou de plusieurs figures.

Grue, s. f. C'est la plus grande des machines qui servent dans un atelier pour monter des fardeaux.

Guérite, s. f. Petite loge où se place une sentinelle.

Guette, s. f. Poteau incliné servant de décharge pour revêtir et contreventer un pan de bois.

Gueule droite et renversée, Voy. *Cimaise* et *Doucine*.

Guichet, s. m. Petite porte auprés d'une grande qui sert de passage aux gens de pied ; c'est aussi dans un vantail de porte cochère, une petite porte pour passer ordinairement.

Guichet de croisée. C'est l'assemblage qui porte le châssis de verre dans une croisée.

Guigneaux, s. m. pl. Pièces de bois qui s'assemblent entre les chevrons d'un comble, pour faire le passage d'une souche de cheminée, et retenir les chevrons plus courts que les autres.

Guillochis, s. m. Ornement composé de lignes ondées parallèles les unes aux autres dans leur contour.

Guinberges, s. f. pl. Ornement de mauvais goût qu'on voit aux clefs ou aux culs de lampe des voûtes gothiques.

Guindage, s. m. Action d'élever les fardeaux. — Cordages pour charger les voitures de transport.

Guinder, v. act. C'est enlever un fardeau par le moyen de quelque machine.

Guirlande, s. f. Ornement composé de fleurs et de fruits employé dans les frises.

Gynécée, s. m. Partie des maisons antiques destinée au logement des femmes.

H

Hacher, v. act. C'est, en maçonnerie, couper avec la hachette pour faire un renformis, un enduit.

Et en charpenterie, c'est faire des rainures ou hoches avec la hache.

Hachette, s. f. Outil de maçon fait en forme de marteau et de petite hache.

Haler, v. act. Lier un câble à une pièce de bois pour l'enlever.

Halle, s. f. Place ou marché public, entouré de bou: tiques et de portiques où l'on vend les denrées et autres choses nécessaires à la vie.

Hangar. Voy. *Angar*.

Haras, s. m. Grand bâtiment situé à la campagne, où l'on tient des juments poulinières avec des étalons, pour peupler.

Hardi, adj. Épithète qu'on donne en architecture aux ouvrages dont la légèreté étonne et dont la stabilité semble le secret du constructeur.

Harmonie, s. f. C'est l'union et le rapport qu'ont entre elles les parties d'un bâtiment.

Harpes, s. f. pl. Pierres qu'on laisse alternativement en saillie à l'épaisseur d'un mur, pour faire liaison avec un autre.

Harpie, s. f. Terme de décoration. Oiseau ou monstre fabuleux qui a la tête d'une fille.

Harpons, s. f. pl. Morceaux de fer droits ou coudés qui servent à retenir les cloisons et les pans de bois.

Hauban. Voy. *Câbles*.

Haubaner, v. act. C'est arrêter à un piquet le hauban d'un engin pour le tenir ferme lorsqu'on monte quelque fardeau.

Hauteur, s. f. Ce terme sert à caractériser l'élevation d'un bâtiment, d'une marche.

Héberge, s. f. Hauteur d'un bâtiment élevé contre un mur mitoyen.

Hélices ou *vrilles*, s. f. pl. On nomme ainsi les petites volutes ou caulicoles qui sont sous la fleur du chapiteau corinthien.

Hémicycle, s. m. Trait d'un arc ou d'une voûte formée d'un demi-cercle. On étend souvent ce mot à tout ce qui est construit en demi-cercle.

Hermès, s. m. pl. Gaîne portant une tête de Mercure.

Hermitage, s. m. Petite habitation avec chapelle ou oratoire et jardin.

Herse, s. f. Espèce de barrière en forme de palissade, à l'entrée d'un faubourg.

Heurt, s. m. Endroit le plus élevé d'une rue, d'une chaussée.

Heurtoir, s. m. Pièce de menus ouvrages de fer en forme de console renversée, qui sert à frapper à une porte.

Hexastile, s. m. Temple, façade composée de six colonnes de front.

Hie. Voy. *Mouton.*

Hiement, s. m. C'est le mouvement d'un assemblage de pièces de bois, causé par l'effort des vents ou par le branle des grosses cloches.

Hiéroglyphes, s. m. pl. Figures emblématiques d'hommes, d'animaux, gravées sur les monuments égyptiens.

Hippodrome, s. m. Lieu disposé pour les courses de chevaux.

Hoches ou *coches*, s. f. pl. Petites entailles sur les pièces de bois.

Hôpital, s. m. Maison qui sert de retraite aux pauvres et aux malades.

Horizontal, adj. Se dit d'un plan ou d'une ligne parallèle à l'horizon; les eaux dormantes forment un plan horizontal.

Hors d'œuvre, s. m. Voy. *OEuvre.*

Hospice, s. m. Maison religieuse pour recevoir les voyageurs; aujourd'hui il est synonyme d'hôpital.

Hôtel, s. m. Grande maison habitée par une personne de distinction, et que caractérise ordinairement la beauté de son architecture.

Hôtel-Dieu. Voy. *Hôpital.*

Hôtel ou *maison de ville.* C'est un bâtiment public où s'assemblent les personnes préposées aux affaires de la ville.

Hôtellerie, s. f. Maison pour loger et nourrir les voyageurs.

Hotte de cheminée, s. f. Partie du tuyau qui pose sur le manteau.

Houe, s. f. Espèce de rabot qui sert à détremper le mortier.

Hourdir, v. act. Maçonner grossièrement avec du mortier ou du plâtre, des moellons ou plâtras.

Hourdis, s. m. C'est l'ouvrage qu'on a fait en hourdant.

Huiserie, s. f. Assemblage du linteau et des poteaux d'une porte de charpente.

Hutte. Voy. *Baraque.*

Hydraulique, s. m. Architecture des eaux.

Hypèthre, s. m. Temple ou portique à découvert ou éclairé par une ouverture pratiquée au toit.

Hypocauste. Voy. *Étuve.*

Hypogée, s. m. Lieu souterrain destiné à la sépulture des morts.

Hypotrachélion, s. m. Point de jonction du fût de la colonne avec le chapiteau, qu'on appelle aussi *gorge*, *gorgerin, collier.*

I

Ichnographie, s. f. Représentation horizontale et géométrale d'un édifice.

If, s. m. Petits échafaudages de forme pyramidale, destinés à recevoir des lampions à l'usage des illuminations.

Ile, s. f. Maisons environnées de rues.

Imaginer, v. act. C'est, pour l'architecte, se figurer dans la pensée l'objet qu'il se propose de tirer du bloc de marbre, ou d'élever sur le sol.

Impastation, s. f. Ouvrages composés de substances broyées, mises en pâte, puis durcies à l'air ou au feu.

Impériale, s. f. Espèce de dômes en charpente, à profil chantourné, dont le sommet se termine en pointe.

Imposte, s. f. Assise en saillie et portant des moulures, qui couronne le jambage ou pied-droit d'une arcade, et sur laquelle pose le coussinet.

Impression, s. f. Couche de peinture à l'huile que le peintre en bâtiment applique sur les fers et les bois, ou sur les murs et les lambris des appartements.

Imprimer, v. act. Enduire d'une ou de plusieurs couches de couleur en détrempe ou à l'huile des ouvrages de charpente, de menuiserie, de serrurerie.

Inclinaison, s. f. Position de ce qui est incliné.

Incrustation, s. f. Ornement en marbre, en bronze, en argent, etc., dont on remplit des entailles faites à la surface d'une boiserie, d'un pavé, d'un mur.

Incruster, v. act. Orner d'incrustations des membres d'architecture, des lambris, des meubles.

Infirmerie, s. f. Bâtiment ou dortoir commun destiné au logement des malades, dans une communauté, un collége, un hospice.

Ingénieur, s. m. Architecte appliqué à la construction des ouvrages de fortification, aux constructions hydrau-liques et aux travaux des grands chemins.

Inscription. Voy. *Épitaphe.*

Inspecteur, s. m. Préposé à la construction des bâti-ments, dont les fonctions consistent à surveiller la qualité des matériaux qu'emploient les entrepreneurs.

Institut, s. m. S'entend, quand il s'agit des sciences et des arts en France, d'un grand corps académique établi à Paris sous le nom d'Institut, renfermant l'académie française, l'académie des sciences, l'académie des inscriptions et belles-lettres , et l'académie de peinture , sculpture et architecture.

Instrument , s. m. On appelle ainsi le compas , la règle , l'équerre , etc.

Intrados, s. m. Surface intérieure, dessous d'une voûte.

Ionique , adj. Nom sous lequel on désigne le troisième ordre de l'architecture et les divers membres d'architecture suivant cet ordre.

Irrégulier , adj. Se dit de tout ce qui n'est pas suivant les régles et les proportions usitées, ou n'est pas symétrique.

Isolement , s. m. Distance entre deux parties de constructions qui laissent un vide entre elles.

J

Jalons , s. m. pl. Perches qui servent à donner des alignements.

Jalousie , s. f. Fermeture de fenêtre qui laisse des vides par lesquels on peut voir sans être aperçu.

Jambage , s. m. C'est un pilier pour soutenir quelque partie de bâtiment.

Jambage de cheminée. Ce sont les deux petits murs qu'on élève de chaque côté d'une cheminée.

Jambe, s. f. Espèce de chaîne de carreaux et de boutisses, pour porter et entretenir les murs d'un bâtiment.

Jambe étrière. Jambe qui est à la tête d'un mur mitoyen.

Jambette , s. f. Petite pièce de bois qui sert à soulager les arbalétrières.

Jante , s. f. Pièce de bois courbée en arc de cercle, qu'on emploie aux roues des moulins et des voitures.

Jardin , s. m. Espace de terre cultivé et garni d'arbres , de fleurs , etc.

Jarret, s. m. Imperfection dans une ligne droite.—Surface qui forme une sinuosité.

Jarreter, v. n. Ligne ou surface qui forme un jarret.

Jaspe, s. m. Pierre bigarrée de la nature de l'agate.

Jauge, s. f. Petite règle de bois pour déterminer la profondeur d'une tranchée, ou la dimension d'un ouvrage de charpente.

Jauger, v. act. C'est reporter une mesure égale à une autre.

Jaune, s. m. Couleur d'or, de citron, de safran.

Jet, s. m. Action de jeter les terres, les matériaux.— Manière dont un ouvrage de fonte a été fait : par exemple, d'un seul jet.

Jet-d'eau, s. m. Filet d'eau qui jaillit avec violence d'un tuyau et qui s'élance dans les airs.

Jetée, s. f. Élevation d'un quai ou d'un môle de port, faite pour arrêter l'impétuosité des vagues.

Jeu, s. m. C'est le mouvement aisé d'une chose dans une ouverture proportionnée. Ainsi on dit qu'une porte a du jeu.

Jeux d'eaux, Diversité de formes qu'on fait prendre aux jets-d'eau.

Joints, s. m. pl. Espaces vides qui sont entre les pierres, qu'on remplit de mortier, de plâtre, de ciment.

Jointif, adj. Se dit des corps qui se touchent. *Lattis jointifs*.

Jointoyer, v. act. Remplir les ouvertures des joints des pierres, d'un mortier approchant de même couleur.

Rejointer, c'est remplir les joints d'un bâtiment vieux d'un mortier de chaux ou de ciment.

Jouée, s. f. Epaisseur du mur dans lequel une baie de porte ou de croisée a été ouverte.

Jouées de lucarne. Ce sont les côtés d'une lucarne dont les panneaux sont remplis de plâtre.

Joug de solive, s. m. Nom qu'on donne aux côtés des solives considérées par l'entrevoux.

Jour, s. m. Nom général qu'on donne à toute ouverture ou baie dans un mur par où l'on reçoit la lumière.

Journée, s. f. C'est le temps du travail d'un homme pendant un jour.

Jubé, s. m. C'est, dans une église, une tribune élevée sur la porte du chœur dont elle décore l'entrée. Le Jubé interceptait la vue de l'autel ; c'est pour cela qu'on le supprime dans les églises modernes.

K

Kiosque, s. m. petit pavillon isolé et ouvert de tous côtés, pour prendre le frais et pour jouir de quelque belle vue.

L

Laboratoire, s. m. Salle où l'on fait des opérations de chimie et de physique.

Labyrinthe, s. m. Vaste édifice en bosquet coupé de tant de chemins qui rentrent les uns dans les autres, qu'il n'est pas possible d'en sortir.

Lait de chaux, s. m. C'est de la chaux délayée avec de l'eau.

Laiterie, s. f. Lieu où l'on tient le lait, et où l'on fait le fromage et le beurre.

Lambourde, s. f. Pièce de bois qu'on couche sur un plancher pour y attacher du parquet.

Lambourdes, s. f. pl. Pièces de bois qui sont à côté

des poutres, et où il y a des entailles pour y appuyer des solives.

Lambris, s. m. Enduit de plâtre sur des cloisons et des plafonds.

— Ouvrage de menuiserie ou de marbre dont on recouvre les murs d'un appartement.

Lambrisser, v. act. C'est mettre un lambris.

Lampadaire, s. m. Lustre garni de lampes, dont on décore les églises, les portiques, etc.

Lancis, s. m. pl. Pierres plus longues que le pied-droit d'une porte, d'une croisée.

Languette, s. f. Séparation de deux ou plusieurs tuyaux dans une souche de cheminée.

Languette de menuiserie. Espèce de tenon réduit environ au tiers de l'épaisseur pour entrer dans une rainure.

Lanterne, s. f. Espèce de petit dôme, sur un comble pour donner du jour et servir d'amortissement.

Lanusure, s. f. Pièce de plomb qui est au droit des arêtiers.

Lapis, s. m. Pierre précieuse d'un bleu céleste, mêlé de points et de veines d'or.

Larmes. Voy *Gouttes.*

Larmier, s. m. C'est le plus fort membre carré d'une corniche dont le plafond est souvent creusé en canal. Les ouvriers le nomment *mouchette.* Il est aussi appelé *couronne.*

Latomie, s. f. Carrière de pierres. — Excavations qui servaient de prison chez les anciens.

Latrines, s. f. pl. Lieux de commodité.

Latte, s. f. Morceau de bois de chêne refendu. — Règle mince.

Latter, v. act. C'est attacher sur un comble des lattes pour y arrêter la tuile ou l'ardoise.

Lattis, s. m. C'est un ouvrage de lattes.

Lave-main, s. m. C'est un petit réservoir d'eau qui sert à laver les mains.

Laver, v. act. C'est colorier un plan avec des couleurs détrempées avec de l'eau de gomme.

Lavis, s. m. Nom qu'on donne à un dessin lavé.

Lavoir, s. m. Bassin bordé de pierre avec égout, où l'on lave le linge..

Layer, v. act. C'est tailler la pierre avec la laye, qui est un marteau bretelé.

Lazaret, s. m. C'est, dans quelques villes maritimes de la Méditerranée, un grand bâtiment hors de la ville, où font quarantaine les équipages des vaisseaux qui viennent du Levant.

Léger, adj. Épithète qu'on donne à un ouvrage dont les masses sont sveltes et les constructions hardies. On appelle aussi, dans un autre sens, construction légère celle où l'on n'a employé que des *matériaux légers et de peu de consis-tance*, comme le plâtre, les planches, etc.

Levage, s. m. C'est l'élevation ou le transport du bois de l'atelier sur le tas.

Levée, s. f. Élévation de pierre en forme de digue.

Levier, s. m. Barre propre à soulever les fardeaux au moyen d'un point d'appui.

Lézarde, s. f. pl. On appelle ainsi les crevasses qui se font dans les murs de maçonnerie.

Liaison, s. f. C'est la manière d'arranger et de lier les briques, les moellons par enchaînement les uns avec les autres.

Liaisonner, v. act. C'est arranger des pierres en sorte que les joints des unes portent sur le milieu des autres.

Libage, s. m. gros moellons ou quartier de pierre mal fait ou rustique.

Lice, s. f. Nom commun et à la barrière qui borde la

carrière d'un manége , et à la carrière même où l'on fait des courses.

On appelle aussi *lice* un garde-fou de pont de bois.

Lien, s. m. Pièce de bois qui lie les poinçons avec les faîtes et les sous-faîtes.

Lien de fer. Morceau de fer méplat, pour retenir quelque pièce de bois.

Lierne, s. f. Pièce de bois qui sert à entretenir deux pièces de charpente.

Lierner, v. act. C'est attacher des liernes,

Liernes, s. f. pl. Nervures dans les voûtes gothiques qui forment une croix.

Ligne, s. f. C'est une étendue qui n'a qu'une seule dimension. Ce mot indique aussi les divers plans horizontaux que forment les corniches, les entablements, les acrotères, etc.

Limaçon, s. m. Voûte ou escalier en—qui est en spirale.

Limande, s. f. Pièce de bois plate et étroite.

Limon, s. m. Rampe de pierre ou de bois qui porte les marches.

Limosinage, s. m. Nom général qu'on donne à toute maçonnerie faite de moellons à bain de mortier avec parements bruts.

Linçoirs, s. m. pl. Espèce de noulets au droit des cheminées et des lucarnes pour retenir les chevrons.

Linteau, s. m. Pièce de bois qui sert à fermer le haut d'une croisée ou d'une porte sur ses pieds-droits.

Lisse, adj. Epithète qu'on donne à toute partie d'architecture unie.

Listel, s. m. Petite moulure carrée, qui sert à en couronner ou accompagner une plus grande, ou à séparer les cannelures d'une colonne ; on l'appelle aussi filet.

Lit, s. m. Situation naturelle d'une pierre quand elle est dans la carrière.

Lit de voussoir. C'est le côté d'un voussoir caché dans les joints.

Loge, s. f. Galerie ou portique formé d'arcades sans fermeture mobile.

Loge de portier. Petite chambre pour le logement d'un suisse ou d'un portier.

Loges de comédie. Petits cabinets qui régnent autour d'une salle de spectacle où se placent les spectateurs.

Logement, s. m. C'est la partie d'un logis qu'une personne habite.

Loger, v. act. Terme de coutume, c'est bâtir sur un mur mitoyen.

Logis, s. m. C'est le bâtiment où l'on loge.

Long-pan, s. m. C'est le plus long côté d'un comble.

Longrine, s. f. Pièce de bois qui relient une file de pieux.

Loquet ou *loqueteau*, s. m. Pièce de fer qu'on fait mouvoir sur une platine, pour ouvrir et fermer un vantail de porte ou de croisée.

Losange, s. m. Figure qui a quatre côtés égaux formant deux angles aigus et deux obtus.

Loup, *dents de loup*, s. m. pl. Gros clous qui servent à attacher les poteaux des cloisons.

Lourd, adj. Édifice massif, sans grâce.

Louve, s. f. Pièce de fer scellée dans une pierre de taille et qui sert à l'attacher pour l'enlever.

Lucarne, s. f. Fenêtre de médiocre grandeur, prise dans un comble.

Lunette, s. f. baie de croisée voûtée pratiquée dans le côtés d'une voûte.

Lutrin, s. m. Espèce de pupitre placé dans le chœur d'une église pour porter les antiphoniers.

Lycée, s. m. Bâtiment où s'assemblent les gens de lettres, ou consacré à l'instruction.

M

Machicoulis, s. m. Espèce de galerie pour aller à couvert tout autour d'un bâtiment.

On jetait de là, autrefois, des pierres pour défendre le pied de la muraille des châteaux.

Machine, s. f. Engin pour faire mouvoir, élever, traîner, tailler, etc., les matériaux.

Machine hydraulique. Machine qui sert à élever et à conduire les eaux.

Machiner, v. act. Établir les machines d'un théâtre.

Maçon, s. m. Ouvrier qui fait les constructions en pierres ou en briques liées avec du plâtre ou du mortier.

Maçonner, v. act. C'est travailler à la maçonnerie.

Maçonnerie, s. f. Arrangement des matériaux avec le mortier ou autre liaison.

Madriers, s. m. pl. Planches de chêne ou d'autres bois, très-épaisses.

Magasin, s. m. Lieu où l'on tient des outils, des marchandises.

Maigre, adj. Épithète qu'on donne, en maçonnerie, à une pierre trop coupée, plus petite que l'endroit qu'elle doit remplir.

On donne aussi cette épithète aux édifices ou aux moulures dont les proportions sont mesquines et contre les règles généralement adoptées.

Mailler, v. act. Voy. *Graticuler*.

Mailles, s. f. pl. Ce sont les intervalles carrés ou en losanges, que forment des échalas, des barreaux de fer, etc.

Main, s. f. Fer recourbé qui sert comme d'anse à une chose.

Mairain ou *merrain*, s. m. Bois de chêne refendu en petites planches minces.

Maison, s. f. Bâtiment destiné à l'habitation dans une ville ou à la campagne. Pris absolument, il s'entend de la demeure d'un simple citoyen.

Malandres, s. f. pl. Nœuds pourris dans le bois.

Mâle, adj. Pris figurement exprime le caractére de force et de gravité.

Malfaçon, s. f. Nom qu'on donne à tout défaut de matière ou de construction causé par ignorance, négligence du travail ou infidélité de l'ouvrier.

Manége, s. m. C'est un lieu couvert ou découvert où l'on dresse les chevaux et où l'on apprend à les monter.

Mangeoire, s. f. C'est, dans une écurie, l'auge de bois ou de plâtre où les chevaux mangent l'avoine; on appelle sa profondeur *enfonçure*, et son bord *devanture*.

Manier à bout, v. act. C'est relever la tuile ou l'ardoise d'une couverture, et y ajouter du lattis neuf avec les tuiles qui y manquent.

Manœuvre, s. m. C'est un homme qui sert le compagnon maçon ou couvreur.

Ce mot signifie aussi, dans l'art de bâtir, le mouvement libre des ouvriers et des machines, il est alors féminin.

Maniéré, adj. Une architecture maniérée est celle dans laquelle on a recherché de petits effets et le luxe de petits ornements.

Mansarde, s. f. Comble composé d'une partie très-roide et d'un second comble très-incliné. Ce mot désigne aussi les fenêtres pratiquées dans la partie presque verticale des combles en mansarde. Ce nom vient de l'architecte **Mansard**, auquel on en a faussement attribué l'invention, puisque d'autres architectes, tels que l'abbé de Clagny, en avaient fait usage avant lui.

Manteau de cheminée, s. m. Partie de la cheminée ensaillie au-dessus de l'âtre.

Mantonnets ou *mentonnets*, s. m. pl. Bossages par entaille, qu'on laisse au bout des racinaux d'un pilotage, pour arrêter les plates-formes ou madriers.

Marbre, s. m. Espèce de roche calcaire extrêmement dure et susceptible d'un grand poli.

Marbrier, s. m. Nom qu'on donne aux ouvriers qui travaillent le marbre.

Marbrière, s. f. On nomme ainsi en quelques endroits de la France les carrières d'où l'on tire le marbre.

Marchander, v. act. C'est, dans l'art de bâtir, prendre un ouvrage de l'entrepreneur pour le faire à un certain prix; sous-marchander, c'est prendre une partie de l'ouvrage de ceux qui ont marchandé.

Marche, s. f. C'est la partie de l'escalier sur laquelle on pose le pied. On la nomme aussi *degré*.

Marché, s. m. Place publique où l'on vend des denrées.

Marché d'ouvrage, s. m. C'est une convention par écrit, entre l'entrepreneur et celui qui fait bâtir, pour les prix des ouvrages.

Marche-palier, s. f. C'est la marche qui fait le bord d'un palier.

Marchepied, s. m. Petite estrade et dernière marche d'un autel ou d'un trône.

Mardelle ou plutôt *margelle*, s. f. Pierre percée qui forme le bord d'un puits.

Maréchaussée, s. f. Vieux terme qui signifie un amas de matériaux pour bâtir.

Marmouset, s. m. Figure humaine, sans proportion et de mauvais goût.

Marqueterie, s. f. Ouvrage de bois dur et précieux ou de marbre de diverses couleurs qui forment dans les compartiments diverses figures et ornements.

Mascaron, s. m. Tête de fantaisie qu'on met aux portes, aux grottes, aux fontaines, etc.

Masque, s. m. C'est le visage d'un homme ou d'une femme, sculpté à la clef d'une arcade.

Masse, s. f. C'est l'ensemble ou la grandeur d'un édifice.

Massif, s. m. C'est le solide d'un mur.

Massif, adj Epithète qu'on donne à un ouvrage qui est trop pesant par rapport au dessin ou à la matière.

Mastic, s. m. Composition dont on se sert pour attacher un corps avec un autre.

Masure, s. f. C'est un bâtiment ruiné qui ne mérite pas d'être relevé.

Matériaux, s. m. pl. Ce sont toutes les matières qui entrent dans la construction d'un bâtiment.

Mausolée, s. m. Magnifique monument funéraire.

Médaillon, s. m. Ornement en forme de médaille, rond ou ovale, lequel contient ou une tête en bas-relief ou un sujet historique.

Médiane, adj. On appelle ainsi les colonnes du milieu d'une façade plus espacées que les autres.

Médionner, v. act. Terme qui, selon les experts, signifie compenser.

Membre, s. m. Nom général qu'on donne à toute partie d'architecture, comme une frise, une corniche, une moulure, etc.

Membron, s. m. Baguette qui sert d'ourlet à la bavette d'un bourseau et aux ennusures d'un comble.

Membrure, s. m. Pièce de bois qui sert à former les bâtis de la plus forte menuiserie.

Ménagerie, s. f. Lieu et bâtiment disposés pour renfermer et nourrir divers animaux non domestiques.

Meneaux, s. m. pl. Ce sont, dans les croisées, les montants et traverses de bois, de pierre ou de fer qui servent à en séparer les jours en plusieurs guichets.

Meniane, s. f. Petit balcon avec jalousies, en manière de loge, pour voir dehors sans être aperçu.

Mensole. Voy. *Clef*.

Menuiserie, s. f. C'est l'art de travailler et d'assembler les bois pour les menus ouvrages.

Menuisier, s. m. Artisan qui sait l'art de la menuiserie.

Méplat, adj. C'est une épithète qu'on donne à un corps qui a beaucoup plus de largeur que d'épaisseur.

Méridien, s. m. Espèce de cadran solaire qui indique l'heure de midi.

Merlons, s. m. pl. Ce sont les petits murs élevés et espacés également par des créneaux au-dessus des machicoulis.

Mesaule, s. f. C'était, chez les Grecs et les Romains, une petite cour entre deux corps-de-logis.

Mesquin, adj. Se dit d'une architecture ou d'un style dont les masses sont étroites et les objets petits et petitement exécutés.

Mesure, s. f. Quantité prise pour unité pour proportionner une superficie ou un corps et le comparer avec un autre.

Métairie. Voy. *Ferme*.

Métoche, s. m. Espace qui est entre les denticules d'une corniche.

Métope, s. m. C'est l'espace carré qui est entre les triglyphes de la frise dorique.

Mètre, s. m. Nouvelle mesure de longueur adaptée au système décimal. C'est la dix-millionième partie du quart du méridien terrestre ; il a 36 pouces 11 lignes et 3 points, et plus exactement 3 pieds 11 lignes 00000441952e.

Mètre carré. C'est une mesure de superficie ayant un mètre de longueur et un mètre de largeur.

Mètre cube. C'est une mesure de capacité ayant un mètre de largeur, un mètre de longueur et un mètre de hauteur.

Métré, s. m. Dénombrement par écrit du nombre de mètres de chaque sorte d'ouvrage qui entre dans la construction d'un bâtiment.

Meulière, s. f. C'est un moellon de roche plein de trous, mais très-dur.

Meute. Voy. *Muette*.

Mezzanine, s. f. Fenêtre aussi haute que large, et quelquefois même plus large que haute, qu'on emploie ordinairement dans les entre-sols ou dans les étages supérieurs d'une façade.

Mi-côte, s. f. C'est la situation d'une maison sur la moitié du penchant d'une colline.

Minaret, s. m. Espèce de tourelle ronde ou à pans, fort haute et menue, qui sert de clocher aux mosquées, chez les mahométans.

Minute, s. f. Partie d'un modèle suivant l'ordre.

Miroir, s. m. C'est, dans le parement d'une pierre, une cavité causée par un gros éclat quand on la taille.

Mitoyen, adj. Se dit de tout objet qui sépare deux propriétés, comme un mur, un fossé, etc.

Modèle, s. m. C'est un essai d'exécution d'un bâtiment en petit.

Modenature, s. f. A la même signification que moulure (peu usité).

Moderne, adj. Epithéte qu'on donne en architecture aux constructions appropriées aux sociétés modernes, mais dont les parties sont empruntées à l'architecture antique.

Modillons, s. m. pl. Espéce de console qui orne et semble soutenir le larmier d'une corniche.

Module, s. m. Grandeur arbitraire que l'on établit pour régler toutes les mesures de la distribution d'un bâtiment; on la prend sur le diamètre inférieur des colonnes ou des pilastres.

Moellon, s. m. C'est la moindre pierre qui provient d'une carrière.

Moie, s. f. C'est, dans une pierre dure, une matière tendre, qui suit son lit de carrière et qui la fait déliter.

Moises, s. f. pl. Piéces de bois qui servent à entretenir les autres pièces d'un assemblage de charpente.

Môle, s. m. C'était chez les Romains une espèce de mausolée bâti en manière de tour ronde.

Môle de port. C'est un massif de maçonnerie placé au devant d'un port pour le mettre à couvert de l'impétuosité des vagues.

Monastère, s. m. Voy. *Couvent.*

Monolythes, adj. Édifices faits d'une seule pierre.

Monoptère, adj. Monument rond sans muraille, dont la coupole est portée sur des colonnes.

Monotriglyphe, s. m. Se dit d'un entre-colonnement dont la largeur ne permet que l'emploi d'un seul triglyphe entre deux colonnes.

Montants, s. m. pl. Ce sont des corps en saillie aux côtés des chambranles, qui servent à terminer les corniches et les frontons qui les couronnent.

Montants de charpenterie. Pièces de bois à plomb.

Montée, s. f. Élévation d'un mur, d'une colonne, d'une voûte, d'un escalier, etc.

Monter, v. act. Assembler des ouvrages préparés et les poser en place.

Monument, s. m. Édifice ayant pour objet de perpétuer le souvenir d'un événement mémorable ou d'un personnage illustre.

Moraillon, s. m. Pièce de fer portant un anneau qui entre dans la serrure, et dans lequel passe le pêne.

Morces, s. f. pl. Pavés qui commencent un revers et qui forment des espèces de harpes, pour faire liaison avec les autres pavés.

Moresques. Voy. *Arabesques.*

Mortaise, s. f. C'est une entaille pour recevoir un tenon.

Mortier, s. m. C'est une composition de chaux et de sable broyés avec de l'eau, qui sert à liaisonner les pierres.

Mosaïque, s. f. Ouvrage de rapport en marbre de diverses couleurs, en verre coloré ou en émail.

Mosquée, s. f. Temple des mahométans, destiné a l'exercice de leur religion.

Mouchette, s. f. Larmier d'une corniche.

Moufle. s. f. Machine qui sert dans les bâtiments à enlever les plus pesants fardeaux.

Moule, Voy. *Panneau.*

Mouler, v. act. C'est jeter dans des moules de plâtre ou de terre cuite, des modillons, consoles, etc.

Moulin, s. m. C'est un bâtiment qui renferme des meules mises en mouvement par le vent ou par l'eau.

Moulure, s. f. Toute partie saillante carrée ou ronde dont l'assemblage compose les corniches, etc.

Mouton, s. m. C'est dans une sonnette un billot garni

de fer qu'on lève et qu'on laisse ensuite tomber sur des pieux et des pilots pour les enfoncer.

Muette, ou mieux *meute*, s. f. Bâtiment avec chenils, cours, écuries, etc., dans lequel logent les équipages de chasse et les officiers de la vénerie.

Muid, s. m. Ancienne mesure pour la chaux et pour le plâtre.

Mufle, s. m. Ornement de sculpture qui représente la tête de quelque animal et particulièrement celle du lion.

Mur, s. m. ou *muraille*, s. f. Corps de maçonnerie, qui sert à renfermer un espace et à former les corps et les séparations dans les bâtiments.

Murer, v. act. C'est clore de murailles un espace, une baie de croisée, etc.

Museaux, s. m. pl. Accoudoirs des hautes et basses stalles du chœur d'une église.

Musée, s. m. Galerie destinée à renfermer des collections d'objets d'arts et de curiosité.

Mutiler, v. act. C'est retrancher une partie d'un tout. On mutile une corniche, une imposte, etc., en en retranchant la saillie.

Mutules, s. f. pl. Espèce de modillons carrés dans la corniche dorique qui répond aux triglyphes.

N

Nacelle, s. f. Moulure creuse ou demi-ovale qu'on appelle aussi *gorge*.

Naissance, s. f. C'est l'endroit ou un corbeau, une voûte, une poutre ou quelque chose en un mot commence.

Nappe d'eau, s. f. Espèce de cascade dont l'eau tombe en forme de nappe mince.

Naumachie, s. f. Vaste bassin entouré de portiques, dans lequel on donnait le spectacle d'un combat naval.

Nef, s. f. C'est, dans une église, la première et la plus grande partie qui se présente, qui est destinée au peuple.

Nerfs, s. m. pl. Ce sont les moulures des arcs doubleaux des croisées d'ogives et formerets, qui séparent les pendentifs des voûtes gothiques.

Nervures, s. f. pl. Ce sont, dans les feuillages des rinceaux d'ornement, les côtes élevées de chaque feuille.

On désigne aussi par ce mot, les moulures des voûtes gothiques.

Neuds. Voy. *Nœuds*.

Niche, s. f. Renfoncement pris dans l'épaisseur d'un mur pour y placer une figure ou une statue.

Nicotaux, s. m. pl. Morceaux de tuile qu'on place sur les solives.

Nilles, s. f. pl. Petits pitons carrés de fer, qui retiennent les panneaux des vitraux d'églises.

Nils ou *nili*. Voy. *Euripes*.

Niveau, s. m. Instrument qui sert à tracer une ligne parrallèle à l'horizon.

Niveler, v. act. C'est avec un niveau mener une ligne ou un plan parallèle à l'horizon.

Nivellement, s. m. C'est l'opération qu'on fait avec un niveau pour reconnaître la hauteur d'un lieu à l'égard d'un autre.

Noble, adj. Epithète qu'on donne à l'architecture par la justesse et le grandiose des proportions, la simplicité du plan, etc.

Nœuds, s. m. pl. Ce sont des défauts dans le bois d'assemblage.

Noir, s. m. C'est la couleur la plus sombre.

Nonciation, s. f. on ajoute *de nouvel ordre*; c'est un acte par lequel on dénonce à celui qui fait élever un bâtiment, ou aux ouvriers qui y travaillent, qu'ils aient à cesser.

Noquets, s. m. pl. Morceaux de plomb attachés aux jouées des lucarnes et sur les lattis des couvertures d'ardoise.

Noue, s. f. C'est l'endroit où deux combles se joignent en angle rentrant.

Noulets, s. m. pl. Ce sont les petits chevrons qui forment les noues.

Noyau, s. m. C'est la maçonnerie qui sert de grossière ébauche pour former une figure de plâtre ou de stuc.

Noyau d'escalier. C'est un cylindre de pierre qui est formé par le bout des marches gironnées d'un escalier à vis.

Nu, s. m. C'est une surface qui n'est chargée d'aucune moulure, d'aucun ornement, etc.

Nymphée, s. f. C'était, chez les anciens, une salle publique, superbement décorée pour faire des noces.

Ce mot désigne aussi des grottes ornées de jets d'eau, de siéges, statues, etc.

O

Obélisque, s. m. Espèce de pyramide quadrangulaire longue et étroite, qui est ordinairement d'une seule pierre.

Observatoire, s. m. Bâtiment où l'on fait des observations d'astronomie.

Ocre, s. f. Oxyde de fer qui donne une couleur jaunâtre et rougeâtre lorsqu'il est cuit.

Octostyle, s. m. Ordonnance de huit colonnes disposées sur une ligne droite.

Odéum, s. m. C'était, chez les anciens, un lieu destiné à la répétition des ouvrages qui devaient être représentés sur le théâtre.

OEil, s. m. Nom général qu'on donne à toute fenêtre ronde. — OEil de bœuf. — OEil de dôme.

OEuvre, s. m. Ce terme a plusieurs significations dans l'art de bâtir. Mettre en œuvre, c'est employer quelque matière et la poser en place. Dans œuvre et hors d'œuvre, c'est prendre des mesures du dedans et du dehors d'un bâtiment. On dit reprendre un bâtiment en sous-œuvre, quand on le rebâtit par le pied. On dit qu'une galerie est hors d'œuvre, quand elle n'est attachée que par un de ses côtés à un corps-de-logis.

OEuvre d'église, s. f. C'est dans la nef d'une église un banc où s'asseoient les marguilliers.

Office, s. m. Pièce près de la salle à manger où l'on renferme tout ce qui dépend du service de la table et du dessert.

Ogives, s. f. pl. Nervure qui tient lieu d'archivolte aux voûtes gothiques ; il est quelquefois adjectif, voûte ogive.

Okels ou *okelas*. Portiques et magasins autour d'une cour, dans lesquels, en Orient, on expose en vente les esclaves, les marchandises, etc.

Olive, s. f. Ornement qui se taille comme des grains oblongs, enfilés en manière de chapelet.

Opes, s. m. Trous que les boulins laissent dans les murs.

Opisthodome, adj. Temple qui, outre la porte principale ouverte sur le porche antérieur, avait une seconde porte sur la façade postérieure.

Or, s. m. C'est le plus précieux des métaux qui servent à décorer ou enrichir les bâtiments.

Orangerie, s. f. Bâtiment qui sert, en hiver, à préserver du froid les orangers et en général toutes les plantes exotiques.

Oratoire, s. m. Cabinet de retraite, accompagné ordinairement d'un petit autel et d'un prie-dieu.

Orbe, adj. Se dit d'un mur sans porte ni fenêtre.

Orchestre, s. m. C'était, chez les anciens, le lieu où l'on dansait ; de nos jours c'est l'endroit où sont placés les musiciens dans une salle de concert, de spectacle, etc.

Ordonnance, s. f. On entend par ce terme la composition d'un bâtiment et la disposition de ses parties.

Ordre, s. m. C'est un arrangement régulier de parties saillantes, dont la colonne est la principale pour composer un bel ensemble. (Voyez la description des différents ordres, dans le *Vignole*.)

Oreiller, s. m. C'est, dans le chapiteau ionique, la face du côté des volutes.

Oreillons, s. m. Voy. *Crossettes*.

Orgue, s. m. Instrument de musique soutenu par une ordonnance d'architecture et de sculpture, en menuiserie, appelée buffet. La place ordinaire d'un orgue est sur un jubé ou une tribune, adossée au grand portail d'une église.

Orgueil, s. m. Grosse cale de pierre ou de bois que les ouvriers mettent sous le bout d'un levier, pour servir de point d'appui.

Orienter, v. act. C'est marquer la disposition d'un bâtiment par rapport aux points cardinaux de l'horizon.

Orle, s. m. C'est un filet sous l'ove d'un chapiteau. Suivant Palladio, c'est la plinthe de la base de la colonne et du piédestal.

Orlet. s. m. Petite moulure plate qui forme le couronnement de la cymaise.

Ornemaniste, s. m. Artiste qui peint, ou modèle des ornements.

Ornement, s. m. Nom général qu'on donne à la sculpture qui décore l'architecture.

Orthographie, s. f, Élévation géométrale d'un bâtiment, sans égard aux diminutions de la perspective (peu usité).

Outil, s. m. C'est tout instrument qui sert à l'exécution manuelle des ouvrages.

Ouverture, s. f. C'est un vide ou une baie dans un mur qu'on fait pour servir de passage ou donner du jour.

Ouvrage, s. m. C'est ce qui est produit par l'ouvrier et qui reste après son travail.

Ouvrier, s. m. Homme qui travaille aux ouvrages d'un bâtiment.

Ouvroir, s. m. Lieu séparé où les ouvriers sont employés à une même espèce de travail. C'est aussi, dans une communauté de filles, une salle dans laquelle elles s'occupent à des exercices convenables à leur sexe.

Ove, s. m. Moulure ronde dont le profil est ordinairement fait d'un quart de cercle. Il se dit aussi de l'ornement qui a la forme d'un œuf, et dont on use surtout pour la moulure en quart de rond.

Ovicule, s. m. C'est un petit ove.

P

Pagode, s. f. Nom général qu'on donne aux temples des Indiens et des idolâtres. Ce mot désigne aussi les idoles de ces temples.

Palais, s. m. Bâtiment magnifique propre à loger un roi ou un prince.

Palençons, s. m. pl. Morceaux de bois qui retiennent les torchis.

Pal-planche, s. f. Dosse affûtée par un bout pour être pilotée et entretenir une fondation, un batardeau.

Palastre, s. f. Pièce de fer qui couvre toutes les garnitures d'une serrure.

Palée, s. f. Rang de pieux employés dans leur grosseur, qui servent de pile pour porter les travées d'un pont de bois.

Palestre, s. f. Lieu public chez les anciens où la jeunesse s'occupait aux exercices de l'esprit et à ceux du corps.

Palier ou *repos*, s. m. C'est un espace ou une sorte de grande marche entre les rampes et aux tournants d'un escalier.

Palification, s. f. C'est l'action de fortifier un sol avec des pilots.

Palissade, s. f. Espèce de barrière de pieux fichés en terre à claire-voie.

Palisser, v. act. C'est disposer les branches des arbres contre un mur.

Palme, s. m. Mesure dont on fait encore usage en certains lieux, notamment en Italie.

Palme, s. f. Terme de décoration. Branche de palmier qui entre dans les ornements d'architecture.

Palmettes, s. f. pl. Petits ornements en manière de feuilles de palmier, qui se taillent sur quelques moulures.

Pampre, s. m. Ornement en manière de cep de vigne.

Pan, s. m. C'est le côté d'une figure rectiligne, régulière ou irrégulière; le plus souvent tout un côté de mur, de comble.

Pan de bois, s. m. Assemblage de charpente dont les

panneaux sont remplis de maçonnerie et qui fait l'office d'une muraille.

Panache, s. f. Portion de voûte sphérique, en trompe, prenant naissance au-dessus du pied-droit angulaire commun à deux arcades en retour l'une de l'autre.

Paneterie, s. f. C'est le lieu où l'on distribue le pain.

Panne, s. f. Pièce de bois qui sert à soutenir les chevrons d'un comble.

Panneau, s. m. C'est l'une des faces d'une pierre taillée.

Ce mot indique aussi tout champ de bois ou de maçonnerie enfermé dans un encadrement quelconque.

Pannonceau. Voy. *Girouette.*

Papeterie, s. f. Bâtiment où l'on fabrique le papier.

Parallèle, adj. Épithète qu'on donne à des lignes, des figures et des corps, qui étant prolongés sont toujours à égale distance.

Parapet, s. m. Petit mur qui sert d'appui et de gardefou à un quai, à un pont, à une terrasse, etc.

Parastate, s. m. Voy. *Ante.*

Paratonnerre, s. m. Aiguille métallique qu'on place sur les édifices pour les garantir de la foudre.

Parc, s. m. Grand clos ceint de murs ou de palissades, où l'on enferme du gibier. On donne aussi ce nom à un vaste et beau jardin.

Parcloses. Voy. *Formes d'église.*

Parement, s. m. C'est ce qui paraît d'une pierre ou d'un mur au dehors.

Parloir, s. m. Lieu où l'on se réunit pour converser.

Parpain, adj. On dit qu'une pierre parpaigne, pour dire une pierre qui tient toute l'épaisseur d'un mur.

Parquet, s. m. Assemblage de menuiserie composé de

châssis et de traverses , dont les vides sont remplis par des carreaux aussi en bois.

Parqueter , v. act. C'est couvrir de parquet un plancher.

Parterre , s. m. C'est la partie découverte d'un jardin , au-devant d'une maison , divisée par compartiments différents , ou de gazon.

Parvis , s. m. C'est la place qui est devant la principale face d'une grande église.

Pas , s. m. pl. Petites entailles pour recevoir les pieds des chevrons.

Pas , s. m. Pierre qu'on met au bas d'une porte entre ses tableaux. Les pas diffèrent du seuil en ce qu'ils avancent au delà du mur en manière de marche.

Passage , s. m. Allée différente du corridor en ce qu'elle n'est pas si longue.

Patenôtres , s. m. pl. Petits grains en forme de perles rondes ou ovales qu'on taille sur les baguettes.

Patère , s. f. Petit plat qui servait aux sacrifices des anciens.

On donne aussi ce nom à un ornement en usage depuis peu de temps , qui sert à relever les draperies d'un lit, d'une croisée, etc.

Patin , s. m. Pièce de bois posée de niveau sur le parpain d'échiffre d'un escalier.

Patte , s. f. Petit morceau de fer plat fendu ou pointu , qui sert à retenir les placards et les chambranles des portes, etc.

Pattes , s. f. pl. On donne ce nom à des ornements moulés dont on décore l'intérieur des appartements.

Patte-d'oie , s. f. Division de trois allées qui viennent aboutir à un même endroit.

Pauvre , adj. Épithète qu'on donne à un monument qui manque de grandeur , de richesse.

Pavé, s. m. Ce mot a deux significations : d'abord c'est l'aire pavée sur laquelle on marche, et en second lieu la matière qui l'affermit, comme le caillou, le grès, la pierre dure, etc.

Pavement, s. m. l'action de paver et l'espace pavé en compartiment de carreau.

Paver, v. act. C'est asseoir le pavé, le dresser et le battre avec la demoiselle.

Paveur, s. m. Celui qui taille et asseoit le pavé.

Pavillon, s. m. C'est un bâtiment ordinairement isolé et de figure carrée, couvert d'un seul comble. C'est aussi, dans une façade, un avant-corps qui en marque le milieu ou qui flanque une encoignure.

Peinture, s. f. C'est un des arts libéraux, qui contribue, dans les bâtiments, à la décoration, à la richesse.

Pendentif, s. m. Portion de voûte entre les arcs d'un dôme, qu'on nomme aussi fourche ou panache, et qu'on orne de sculpture.

Pêne, s. m. Morceau de fer, dans une serrure, qui ferme la porte, et que la clef fait aller et venir.

Pentatisque, s. m. C'est une composition d'architecture à cinq rangs de colonnes.

Pente, s. f. Inclinaison plus ou moins forte qu'on donne à un terrain ou à un ouvrage quelconque.

Penture, s. f. Bande de fer qui entre dans un gond, et qui sert à faire mouvoir une porte, un contrevent.

Peperin, s. m. Espèce de tuf.

Percé, adj. Épithète qu'on donne aux ouvertures qui distribuent les jours d'un bâtiment.

Percement, s. m. Nom général qu'on donne à toute ouverture faite après coup.

Perches, s. f. pl. Piliers ronds, minces, réunis en faisceau dans l'architecture gothique.

Péridrôme, s. m. Espace formant galerie entre les colonnes et le mur d'un périptère.

Périptère, s. m. Bâtiment environné, en son pourtour extérieur, de colonnes isolées.

Péristyle, s. m. Lieu environné de colonnes isolées en son pourtour intérieur (c'est par là qu'il diffère du périptère.)

On entend encore par péristyle, un rang de colonnes qui se détache en avant d'un édifice.

Perré, s. m. Revêtement d'un talus exécuté en pierres sèches, c'est-à-dire sans mortier.

Perrière. Voy. *Carrière.*

Perron, s. m. Lieu élevé devant une maison où il faut monter plusieurs marches de pierre.

Persan, s. m. C'est le nom qu'on donne à des statues humaines, qui portent des entablements, d'où l'on a formé l'ordre persique.

Perspective, s. f. Représentation d'un édifice tel qu'il se peindrait dans notre œil après son exécution.

Peupler, v. act. C'est, en charpenterie, garnir un vide de pièces de bois espacées à égale distance.

Phare, s. m. Tour haute et menue, ou bout d'un môle ou avancée en mer sur quelque écueil, et où l'on entretient des feux pendant la nuit pour guider les vaisseaux.

Pic (à-pic). Expression adverbiale qui veut dire verticalement.

Pièce, s. f. Nom général qu'on donne aux lieux dont un appartement est composé.

Pied, s. m. Mesure prise sur la longueur du pied humain.

Pied de fontaine, s. m. Espèce de gros balustre qui sert à porter une croupe, un bassin de fontaine.

Pied de biche, s. m. Barre de fer dont un bout est

attaché dans un mur, et dont l'autre avance ou recule dans les dents d'une crémaillère, sur un guichet de porte, pour empêcher qu'il ne soit forcé.

Pied de mur. C'est la partie inférieure d'un mur.

Pied-droit, s. m. C'est la partie du trumeau qui comprend le bandeau, le tableau, la feuillure, l'embrasure et l'écoinçon. — Pilier carré servant de support à une arcade.

Piédestal, s. m. C'est un corps carré avec base et corniche, qui porte la colonne, et qui lui sert de soubassement.

Piédouche, s. m. C'est une petite base en adoucissement, qui sert à porter un buste ou une petite figure.

Pierre, s. f. Corps dur qui se forme dans la terre, et dont on se sert pour la construction des bâtiments.

Pierrée, s. f. Canal souterrain, souvent construit à pierres sèches, qui sert à conduire les eaux des fontaines, des cours et des combles.

Pieu, s m. Grosse pièce de bois qu'on aiguise par un bout et qu'on enfonce dans la terre.

Pigeon. Voy. *Épigeonner.*

Pignon, s. m. C'est la partie triangulaire d'un mur qui se termine en pointe, et où on vient finir le comble.

Pilastre, s. m. Colonne carrée à laquelle on donne la même mesure, le même chapiteau, la même base et les mêmes ornements qu'aux autres colonnes.

Pile, s. f. Massif de maçonnerie, qui sépare et porte les arches d'un pont.

Pilier, s. m. Sorte de colonne ronde ou carrée, sans proportion, qui sert à soutenir quelque partie d'édifice.

Pilot ou *Pilotis*, s. m. Pièce de bois de chêne employée de sa grosseur, armée d'un fer pointu qu'on enfonce en terre pour affermir un terrain.

Pilotage, s. m. C'est dans l'eau ou sur un terrain de mauvaise consistance, un espace peuplé de pilots, sur lesquels on fonde.

Piloter, v. act. faire un pilotage.

Piquer, v. act. C'est en maçonnerie, rustiquer les parements ou les lits d'une pierre.

Piquets, s. m. pl. Petits morceaux de bois pointus qu'on enfonce dans la terre pour tendre des cordeaux.

Piqueur, s. m. C'est, dans un atelier, un homme préposé par l'entrepreneur pour veiller à l'emploi du temps, marquer les journées des ouvriers, etc.

Piramide ou *Pyramide*, s. f. C'est un monument qui a la forme du solide nommé pyramide, et qu'on élève pour quelque événement.

Piscine, s. f. Grand bassin rempli d'eau où l'on se baigne. Ce mot vient de *piscis*, poisson, parce que les hommes imitent les poissons en nageant, et qu'on en conservait quelques-uns dans les piscines.

Pisé, s. m. Construction en terre rendue compacte par une forte pression.

Pivot, s. m. Morceau de fer qui fait tourner un vantail quelconque.

Placage, s. m. Espèce de menuiserie qui consiste à plaquer des morceaux de bois précieux sur un assemblage de menuiserie commune.

Placard, s. m. décoration d'une porte d'appartement. — Armoire pratiquée dans l'épaisseur du mur.

Place, s. f. Espace vide dans une ville, entouré de bâtiments et servant de dégagement aux rues.

Plafond, s. m. C'est le dessous d'un plancher.

Plafonner, v. act. C'est revêtir le dessous d'un plancher de lattis et de plâtre.

Plain-pied, s. m. C'est un niveau parfait, ou un niveau

de pente sans pas ni ressauts. Se dit aussi des pièces d'un appartement qui sont sur un même plan.

Plan, s. f. C'est la représentation horizontale de la position des corps solides qui composent les parties d'un bâtiment, pour en connaître la distribution. Pris dans son acception géométrique, le mot plan signifie une surface sur laquelle on peut tracer en tous sens des lignes droites.

Planche, s. f. Voy. *Ais*.

Plancher, s. m. Épaisseur faite de solives et de planches, qui sépare les étages d'une maison.

Plancheyer, v. act. C'est couvrir un plancher d'ais joints à rainure et languette, et cloués sur des lambourdes.

Plaque. Voy. *Contre-cœur*.

Plaquer, v. act. Faire un placage.

Plaquis, s. m. Espèce d'incrustation d'un morceau mince de pierre ou de marbre.

Plate-bande, s. f. Moulure carrée plus haute que saillante. On appelle aussi voûte en plate-bande celle qui n'a pas de courbure.

Platée, s. f. Massif de fondement qui comprend toute l'étendue d'un édifice.

Plate-forme, s. f. Espèce de terrasse horizontale dont on couronne les édifices. — Assemblage de charpente sur lequel on établit les fondations.

Platine, s. f. Petite plaque de fer sur laquelle est attaché un verrou, une targette.

Plâtras, s. m. pl. Morceaux de plâtre qu'on tire des démolitions et dont on se sert souvent dans la reconstruction.

Plâtre, s. m. Pierre particulière (*sulfate de chaux*), cuite et mise en poudre, qu'on emploie gâchée, aux ouvrages de maçonnerie.

Plâtrière, s. f. Nom commun, et à la carrière d'où l'on tire la pierre de plâtre et au lieu où on la cuit dans les fours.

Plein, adj. On dit le plein d'un mur, pour en exprimer le massif. Voy. *Vide.*

Pli, s. m. C'est l'effet contraire du coude dans la continuité d'un mur. Voy. *Coude.*

Plinthe, s. m. Moulure carrée qu'on emploie aux bases d'une colonne, d'un piédestal, etc.

Plomb, s. m. Métal ductile qui sert, dans les bâtiments, pour les couvertures, les terrasses, les gouttières, les scellements.

Plomber, v. act. C'est juger par un plomb, de la situation, soit verticale, soit inclinée d'un ouvrage.

Plumée, s. f. Faire une plumée, c'est dresser à la règle les bords du parement d'une pierre pour la dégauchir.

Poêle, s. m. Grand fourneau de terre ou de métal qui sert à échauffer une chambre sans qu'on voie le feu.

Pœstum, adj. Ordre d'architecture du genre dorique, qui a été trouvé dans les ruines de l'ancienne ville de Pœstum.

Poinçon, s. m. ou *aiguille,* s. f. C'est la pièce de bois debout, où sont assemblés les arbalétriers et le faîte d'une ferme.

Point, s. m. C'est ce qui n'a point d'étendue, ou, si l'on peut parler ainsi, le commencement de l'étendue.

Point d'appui Voy. *Orgueil.*

Pointal, s. m. C'est toute pièce de bois qui sert d'étaie aux poutres qui menacent ruine.

Pointe de pavé. C'est la jonction, en manière de fourche, des deux ruisseaux d'une chaussée en un ruisseau, entre deux revers de pavé.

Pointer, v. act. On dit pointer une pièce de trait; c'est sur un dessin de coupe de pierre, rapporter avec le compas le plan ou le profil au développement des panneaux.

Pointes, s. f. pl. Clous longs et déliés.

Poitrail, s. m. Grosse pièce de bois destinée à porter, sur des pieds-droits ou jambes étrières, un mur de face.

Pomme de pin, s. f. Ornement de sculpture qui ressemble à une véritable pomme de pin.

Pommette, s. f. Petit ouvrage de serrurerie servant d'amortissement.

Ponceau, s. m. Petit pont d'une arche.

Pont, s. m. Construction sur laquelle on traverse un fleuve ou une rivière.

Porcelaine, s. m. Terre fine, blanche et transparente, dont on fait des vases et des carreaux de diverses formes.

Porche, s. m. Disposition de colonnes isolées ou de piliers, ordinairement couronnés d'un fronton, qui forme un lieu couvert devant un temple, un palais ou une église.

Porphyre, s. m. Marbre précieux qui est plus dur que tous les autres marbres.

Port, s. m. Lieu pour mettre les vaisseaux à l'abri des tempêtes, et où ils viennent aborder.

Portail, s. m. C'est la décoration d'architecture de la façade d'une église. On appelle encore portail, la grande ou maîtresse porte d'un palais, d'un château.

Porte, s. f. C'est l'ouverture d'un mur pour servir d'entrée; c'est aussi l'assemblage de menuiserie qui ferme cette ouverture.

Porte d'écluse, s. f. C'est une grande clôture de bois qui arrête l'eau dans les écluses.

Portée, s. f. On dit d'une architrave, d'une plate-bande, d'une pièce de bois, etc., qu'elle a *tant* de portée, pour exprimer sa longueur.

Porter, v. act. On dit qu'une pièce de bois ou qu'une pierre porte *tant* de longueur et de grosseur.

Porter de fond. C'est porter aplomb et par empatement dès le rez-de-chaussée.

Porter à cru. On dit qu'un corps porte à cru, lorsqu'il est sans empatement ou retraite.

Porter à faux. C'est porter en saillie et par encorbellement.

Portique, s. m. Galerie avec arcades où l'on se promène à couvert, qui est ordinairement voûtée et publique.

Poser, v. act. C'est mettre une pierre ou une pièce de bois en place et à demeure.

Poseur, s. m. C'est le nom qu'on donne à l'ouvrier qui met la pierre en place; contre-poseur est celui qui aide le poseur.

Position, s. f. Situation d'un bâtiment relativement aux points de l'horizon.

Postes, s. m. pl. Ornements de sculpture plate, en manière d'enroulements, ainsi nommés, parce qu'ils semblent courir l'un après l'autre.

Postiche, adj. Épithète qu'on donne à toute partie de construction qui est ajoutée après coup.

Post-scenium, s. m. Partie des théâtres antiques où les acteurs attendaient le moment de paraître.

Potager, s. m. C'est, dans une cuisine, une table de maçonnerie où il y a des réchauds scellés.

Potager. Jardin à légumes.

Poteau, s. m. Toute pièce de bois posée debout.

Poteau cornier. Maîtresse pièce des côtés d'un pan de bois.

Poteaux d'écurie, s. m. pl. Morceaux de bois enfoncés dans la terre, servant à séparer les places des chevaux dans les écuries.

Potelets, s. m. pl. Petits poteaux qui garnissent les pans de bois.

Potence, s. f. Assemblage de trois pièces de bois ou de fer pour supporter ou suspendre quelque chose.

Pouce, s. m. Douzième partie du pied, laquelle se divise aussi en douze parties qu'on appelle lignes.

Pouce d'eau ou de *fontainier*. C'est une quantité d'eau courante qui passe continuellement par une ouverture ronde d'un pouce de diamètre, avec une ligne de pression.

Pouf, terme indéclinable. On dit qu'une pierre ou qu'un marbre est *pouf*, lorsqu'il s'égrène sous l'outil.

Poulailler, s. m. Lieu où vont se jucher les poules.

Poulie, s. f. Machine composée d'une petite roue suspendue, sur laquelle passe une corde, et qui sert à élever les matériaux.

Pourtour, s. m. Mot dont les ouvriers se servent pour exprimer circuit.

Poussée, s. f. Effort que fait le poids d'une voûte contre les murs sur lesquels elle est bâtie. C'est aussi l'effort que font les terres d'un quai ou d'une terrasse, etc.

Pousser, v. act. On dit qu'un mur pousse au vide, lorsqu'il boucle.

En menuiserie on entend par ce mot travailler des moulures à la main.

Poussier, s. m. C'est la poudre des recoupes des pierres.

Poutre, s. f. C'est la plus grosse pièce de bois qui entre dans un bâtiment, et qui soutient les travées des planchers.

Poutrelle, s. f. Petite poutre qui sert à porter un médiocre plancher.

Pozzolane, *Pouzzolane* ou *Poussolane*, s. f. Terre rougeâtre volcanique, qui tient lieu de sable, et qui, mêlée avec la chaux, fait un mortier qui durcit à l'eau.

Pratique, s. f. C'est l'opération manuelle dans l'exercice de l'art de bâtir.

Pratiquer, v. act. Disposer les pièces, les issues, etc., avec économie et intelligence.

Préau, s. m. Cour spacieuse comme celle d'une prison où il croît librement du gazon.

Presbytère, s. m. Maison où demeure le curé d'une paroisse.

Présenter, v. act. Poser une pièce de bois, une barre de fer, ou toute autre chose pour connaître si elle conviendra à la place où elle est destinée.

Prétoire, s. m. Palais où le préteur ou magistrat logeait et rendait la justice.

Prison, s. f. Lieu où l'on enferme les débiteurs et les criminels.

Prison des vents ou *palais d'Éole*. C'est un lieu souterrain, où les vents frais étant conservés communiquent dans les salles, pour les rendre fraîches pendant l'été.

Privé, Voy. *Aisance*.

Profil, s. m. C'est le contour d'un membre d'architecture, comme d'une base, d'une corniche, etc.

Profil de terre. C'est la section d'une étendue de terre en longueur ou en largeur.

Profiler, v. act. C'est dessiner à la règle, au compas ou à la main, un membre d'architecture.

Projecture, Voy. *Saillie*.

Projet, s. m. C'est une esquisse de la distribution d'un bâtiment.

Promenoir, s. m. Terme général qui signifie un lieu couvert ou découvert pour s'y promener.

Pronaos, s. m. C'était, dans les anciens temps, le porche compris entre les antes sous le toit commun, soutenu dans cette partie par des colonnes.

Proportion, s. f. C'est la justesse du rapport des membres de chaque partie d'un bâtiment.

Propylées, s. m. A la même signification que pronaos. On a conservé ce nom à l'entrée qui reste aujourd'hui de la citadelle ou acropole d'Athènes.

Proscenium, s. m. Espace des théâtres antiques sur lequel les acteurs venaient déclamer.

Prostyle, s. m. Édifice qui n'a des colonnes qu'à sa partie antérieure.

Prytanée, s. m. C'était, dans Athènes, un bâtiment considérable où le sénat s'assemblait.

Pseudo-diptère, s. m. Édifice ayant huit colonnes de front et un seul rang de colonnes tout autour.

Pseudo-périptère, s. m. Faux périptère : édifice dont les colonnes qui l'entourent sont engagées dans les murs.

Puisard, s. m. Construction souterraine pour recevoir les eaux.

Puits, s. m. Trou profond, fouillé au-dessous de la surface des eaux souterraines, et revêtu de maçonnerie.

Pureau ou *échantillon*, s. m. C'est ce qui paraît à découvert d'une ardoise ou d'une tuile mise en œuvre.

Purgeoirs, s. m. pl. Bassins où l'eau des sources passe pour se purifier, avant que d'entrer dans les tuyaux.

Pycnostyle, s. m. C'est le moindre entre-colonnement, qui est de trois modules.

Pyramide. Voy. *Piramide.*

Pylone, s. m. Ensemble des constructions qui forment l'entrée des temples égyptiens.

Q

Quadre, s. m. Nom général qu'on donne à toute bordure carrée.

Quarderonner, v. act. C'est rabattre les arêtes d'une poutre, d'une solive, etc., en y poussant un quart de rond.

Quarré. Voy. *Listels*.

Quart de rond, s. m. Moulure dont le profil décrit un quart de cercle.

Quartier de vis suspendue. Portion d'escalier à vis suspendue, pour raccorder deux appartements qui ne sont pas de plain-pied.

Quartier de voie. Grosses pierres dont une ou deux font la charge d'une charrette attelée de quatre chevaux.

Quartier tournant. C'est, dans un escalier, un nombre de marches d'angles, qui, par leur collet, tiennent au noyau.

Quai, s. m. Mur en talus, élevé au bord d'une rivière, pour retenir les terres, et empêcher les débordements.

Queue, s. f. ou *Cul-de-lampe*, s. m. Se dit dans le même sens que clef de voûte pendante.

Queue d'aronde, *d'hironde* ou *d'hirondelle*. Manière de tailler le bois ou de limer le fer, en l'élargissant par le bout pour l'emboîter, le joindre.

Queue de paon. On nomme ainsi tous les compartiments qui, dans les figures circulaires, vont en s'élargissant depuis le centre jusqu'à la circonférence.

Quinconge ou *quiconce*, s. m. Plantation d'arbres parallèles, qui présentent des lignes droites dans tous les sens.

R

Rabot, s. m. Outil pour aplanir le bois. — Sorte de liais rustique dont on se sert pour paver certains lieux.

Raccordement, s. m. C'est la réunion de deux corps à un même niveau ou à une même superficie, ou d'un vieux ouvrage avec un neuf.

Raccorder, v. act. C'est faire un raccordement.

Racheter, v. act. C'est corriger un biais par une figure régulière. Ce mot signifie encore, dans la coupe des pierres, joindre par raccordement deux voûtes de différentes espèces.

Racinaux, s. m. pl. Pièces de bois arrêtées sur des pilotis, et sur lesquelles on pose les madriers.

Racinaux de comble. Espèce de corbeaux de bois, qui portent le pied d'une ferme.

Racinaux d'écurie. Petits poteaux qui servent à porter la mangeoire des chevaux.

Radier, s. m. C'est l'espace entre les piles et les culées d'un pont.

On appelle aussi radier le plancher d'une écluse.

Ragréer, v. act. C'est, après qu'un bâtiment est fait, repasser le marteau et le fer aux parements de ses murs pour les rendre unis. On dit aussi faire un ragréement pour ragréer.

Rainure, s. f. Petit canal fait sur l'épaisseur d'une planche pour recevoir une languette.

Rais de chœur, s. m. Ornement accompagné de feuilles d'eau qui se taille sur les talons.

Rallongement d'arêtier. Voy. *Reculement*.

Rampant, adj. Épithète qu'on donne à tout ce qui n'est pas de niveau et qui a de la pente.

Rampe d'escalier, s. f. Nom commun et à une suite de degrés entre deux paliers et à leur balustrade à hauteur d'appui.

Ramper, v. neutre. C'est pencher suivant une pente donnée.

Rancher. Voy. *Échelier*.

Rapport, s. m. Ouvrage de rapport composé de parties artistement assemblées.

Râtelier, s. m. Espèce de balustrade où l'on met le foin pour les chevaux.

Ravalement, s. m. Travail par lequel on met la dernière main à un édifice.

Ravaler, v. act. C'est faire un ravalement.

Rechampir, v. act. Détacher des ornements sur un fond d'une autre couleur.

Recherche de couverture, s. f. C'est la réparation d'une couverture.

Rechercher, v. act. Réparer avec divers outils les ornements d'architecture.

Récipiangle, s. m. Voy. *Sauterelle*.

Recoupements, s. m. pl. Retraites fort larges faites à chaque assise de pierre, à des ouvrages construits sur un terrain en pente.

Recoupes, s. f. pl. On appelle ainsi ce qu'on abat des pierres qu'on taille pour les équarrir.

Recouvrement, s. m. Se dit des matériaux posés de manière à ce qu'une partie soit recouverte par la rangée suivante. Tuiles, ardoises à recouvrement.

Recrépissage, s. m. Crépir de nouveau.

Recueillir, v. act. C'est raccorder une reprise par sous-œuvre, avec ce qui est au-dessus.

Reculement ou *rallongement d'arêtier*, s. m. C'est la ligne diagonale depuis le poinçon d'une croupe jusqu'au pied de l'arêtier qui porte sur l'encoignure de l'entablement. On le nomme aussi trait rameneret.

Redens, s. m. pl. Ce sont, dans la construction d'un mur sur un terrain en pente, plusieurs ressants de niveau.

Réduire, v. act. On ajoute un dessin. C'est faire la copie d'un dessin d'architecture, plus ou moins grande que l'original.

Réédifier, v. act. Rebâtir un édifice.

Réfection, s f. C'est une grosse réparation qu'une malfaçon oblige de faire.

Réfectoire, s. m. Grande salle où l'on mange en communauté.

Refend, s. m. Rainures qui marquent les assises des pierres. On appelle murs de refend, ceux qui partagent les appartements, et soutiennent les planchers à l'intérieur.

Refendre, v. act. Débiter avec la scie.

Refeuiller, v. act. Faire deux feuillures en recouvrement, pour loger un dormant.

Reflet, s. m. C'est, dans les dessins d'architecture, une demi-teinte claire.

Refuite, s. f. C'est l'excès de profondeur d'une mortaise, d'un trou de boulin, etc.

Refus, s. m. On dit qu'un pieu ou qu'un pilot est enfoncé au refus du mouton, lorsqu'il ne peut entrer plus avant.

Regain, s. m. Il y a du regain à une pierre, à une pièce de bois, etc., lorsqu'elle est plus longue qu'il ne faut pour la place à laquelle elle est destinée.

Régalement, s. m. C'est la réduction d'une aire à un même niveau, ou à sa pente.

Régaler ou *aplanir*, v. act. Mettre à niveau ou selon une pente réglée le terrain qu'on veut dresser. On appelle régaleurs ceux qui étendent la terre.

Regard, s. m. Ouverture pratiquée dans la voûte d'un aqueduc, pour y entrer.

Règle, s. f. Instrument de bois dur, mince et étroit.

Réglé, adj. On dit qu'une pièce de trait est réglée, quand elle est droite par son profil.

Réglet, s. m. Petite moulure plate et étroite.

Régner, v. act. On se sert de ce terme pour exprimer qu'une même chose, comme une corniche, une imposte, etc., est continuée dans l'étendue d'un bâtiment.

Regratter, v. act. C'est emporter avec le marteau la superficie d'un vieux mur de pierre de taille, pour le blanchir.

Régulier, adj. Se dit de ce qui est symétrique et conforme aux règles de l'art.

Reins de voûte, s. m. pl. C'est la maçonnerie qui remplit l'extrados d'une voûte jusqu'à son couronnement.

Rejointoyer, v. act. C'est remplir les joints d'un vieux bâtiment.

Relief, s. m. C'est la saillie de tout ornement sur le fond ou le nu du mur.

Remanier à bout. Voy. *Manier à bout*.

Remblai, s. m. Travail de terres rapportées.

Remenée, s. f. Petite voûte au-dessus de l'embrasure d'une porte ou d'une croisée.

Remise, s. f. Lieu où l'on met à couvert les carrosses et autres voitures.

Remplage, s. m. Maçonnerie des reins d'une voûte.

Remplissage. Voy. *Garni*.

Renard, s. m. Fissure à un tuyau de conduite. — Mur orbe décoré par symétrie comme le mur opposé.

Renflement de colonne, s. m. Augmentation au tiers de la hauteur du fût d'une colonne. Voy. *Diminution*.

Renfoncement, s. m. Parement enfoncé au-dedans du nu d'un mur.

Renformir ou *renformer*, v. act. Réparer un vieux mur.

Renformis, s. m. Réparation d'un vieux mur.

Réparation, s. f. Restauration nécessaire pour l'entretien d'un bâtiment.

Réparer, v. act. Emporter avec le ciseau les superfétations qui se rencontrent aux joints d'un morceau de sculpture.

Repère, s. m. C'est une remarque qu'on fait sur un mur, sur un terrain avec des jalons pour donner un alignement, arrêter une mesure de certaine distance, etc.

Repos. Voy. *Palier*.

Reposoir, s. m. Décoration d'architecture feinte, qui renferme un autel pour les processions de la Fête-Dieu.

Repous, s. m. Sorte de mortier, fait de petits plâtras.

Reprise, s. f. C'est toute sorte de réfection de mur, pilier, etc., faite en sous-œuvre.

Reséper ou *recéper*, v. act. Couper la tête d'un pieu ou d'un pilot sous l'eau.

Réservoir, s. m. Bassin où l'on réserve les eaux.

Ressaut, s. m. C'est l'effet d'un corps qui avance ou recule plus qu'un autre.

Restauration, s. f. C'est la réfection de toutes les parties d'un bâtiment dégradé.

Restaurer, v. act. C'est rétablir un bâtiment et le remettre en son premier état.

Rétable, s. m. Décoration d'un autel.

Retombée, s. f. On appelle ainsi chaque assise de pierre qu'on érige sur le coussinet d'une voûte, et qui, par leur pose, peuvent subsister sans cintre.

Retondre, v. act. Couper du haut d'un mur ce qui est ruiné.

Retour, s. m. C'est le profil que fait un entablement ou toute autre partie d'architecture, dans un avant-corps.

Retour d'équerre. Encoignure en angle droit.

Retraite, s. f. C'est la diminution d'un mur.

Revers de pavé, s. m. C'est l'un des côtés en pente du pavé d'une rue.

Reverseau, s. m. Pièce de bois attachée au bas du châssis d'une porte-croisée, qui empêche que l'eau n'entre dans la feuillure.

Revêtir, v. act. Recouvrir un corps quelconque de murs, lambris, etc.

Rez-de-chaussée, s. m. C'est la superficie de tout lieu, considéré au niveau du sol.

Rez-mur, s. m. Nu d'un mur dans œuvre.

Rez-terre, s. m. Superficie de terre sans ressauts ni degrés.

Riche, adj. Se dit d'un bâtiment abondant en combinaisons heureuses, en accessoires élégants et en ornements de bon goût.

Rigole, s. f. Ouverture fouillée en terre pour conduire l'eau.

Rinceau, s. m. Ornement composé de feuilles qui se roulent en volute.

Ripe, s. f. Grattoir en fer pour travailler la pierre.

Rocaille , s. f. Composition d'architecture rustique , qui imite les rochers naturels.

Roche , s. f. C'est la pierre la plus rustique et la moins propre à être taillée.

Rond d'eau, s. m. Grand bassin d'eau, de figure ronde.

Rond-point. Partie circulaire au fond d'une basilique.

Rosace ou *roson ,* s. m. Grande rose , susceptible de différentes figures, dont on orne les voûtes, plafonds, etc.

Rose , s. f. Ornement taillé dans les caisses qui sont entre les modillons et dans le milieu des chapiteaux corinthien et composite.

Roseaux , s. m. pl. Ornements en forme de cannes dont on remplit jusqu'au tiers les cannelures des colonnes rudentées.

Rossignol , s. m. Coin de bois qu'on met dans les mortaises qui sont trop longues.

Rolie, s. f. Exhaussement sur un mur de clôture mitoyen, de la demi-épaisseur de ce mur.

Rotonde , s. f. Bâtiment rond en dedans et en dehors.

Rouet , s. m. Assemblage circulaire de charpente sur lequel on pose la première assise d'un puits.

Rouleau , s. m. Espèce de cylindre de bois, qui sert à mouvoir les plus pesants fardeaux.—Volute d'une console.

Roulons , s. m. pl. Barreaux ou échelons d'un râtelier d'écurie, faits au tour.

Ruban , s. m. Ornement qui imite un ruban tortillé.

Rudenture , s. f. Moulure en forme de bâton, unie ou sculptée, dont on remplit jusqu'au tiers les cannelures d'une colonne, qu'on appelle alors cannelures rudentées.

Rudération , s. f. Vitruve nomme ainsi la maçonnerie la plus grossière , que les maçons appellent bourdage.

Rue , s. f. Chemin bordé de maisons ou de murs.

Ruelle, s. f. Petite rue.—Espace qui est dans une chambre entre le lit et le mur.

Ruilée, s. f. Enduit de plâtre ou mortier, que les couvreurs mettent sur les tuiles ou ardoises.

Ruiner, v. act. Entailler les côtés des solives, pour tenir les plâtras et la maçonnerie dont on remplit ensuite l'entre-deux.

Ruines, s. f. pl. Ce sont les débris de bâtiments considérables détruits par le temps.

Ruinure, s. f. Entaille faite aux côtés des solives pour retenir la maçonnerie dans un pan de bois.

Ruisseau, s. m. Endroit ou deux revers de pavé se joignent, et qui sert pour l'écoulement des eaux.

Rustique, adj. Épithète qu'on donne à la manière de bâtir, dans l'imitation plutôt de la nature que de l'art.

Rustiquer, v. act. C'est piquer une pierre entre les ciselures relevées.

S

Sable, s. m. Terre légère sans consistance qu'on mêle avec de la chaux pour faire du mortier.

Sablière, s. f. Pièce de bois horizontale, pour porter un pan de bois, une cloison, etc.

Sablières. Voy. *Plates-formes.*

Sablonnière, s. f. Lieu d'où l'on tire le sable.

Sacome, s. m. Profil de tout membre et moulure d'architecture.

Sacristie, s. f. Salle où l'on serre les choses sacrées et les ornements.

Sagette. Voy. *Flèche.*

Saignée, s. f. Petite rigole pour étancher l'eau d'un fondation.

Saillie ou *projecture*, s. f. Avance qu'ont les moulures et les membres d'architecture au delà du nu du mur.

Salle, s. f. Nom commun à plusieurs pièces d'appartement qu'il faut spécifier, salle à manger, etc.

Salon, s. m. C'est, dans un appartement, la pièce d'apparat où on reçoit les étrangers.

Sanctuaire, s. m. C'est, dans le chœur d'une église, l'endroit où est l'autel.

Saper, v. act. Abattre un mur par sous - œuvre. — Signifie aussi faire sauter une roche par le moyen d'une mine. On appelle sape l'ouverture qu'on fait.

Sapines, s. f. pl. Solives de bois de sapin. On s'en sert dans les échafaudages.

Sarcophage, s. m. Coffre en pierre ou en marbre, où on renfermait les corps morts.

Sas, s. m. Sorte de tamis pour passer le plâtre. Ce mot veut dire aussi un bassin compris entre deux portes d'écluse.

Savonnière, s. f. Grand bâtiment où l'on fait le savon.

Sauterelle, s. f. Instrument qui sert à prendre et à tracer toutes sortes d'angles. On l'appelle aussi fausse équerre ou équerre mobile.

Scabellon, s. f. Espèce de piédestal, haut, menu, profilé en manière de balustre, destiné à porter un buste, une pendule, etc.

Sceller, v. act. C'est arrêter, avec le plomb, le plâtre ou le mortier des pièces de bois ou de fer.

Scène, s. f. Partie du théâtre où se passe l'action dramatique.

Scénographie. Voy. *Perspective*.

Sciographie ou *sciagraphie*, s. f. Espèce de dessin qu'on appelle plus communément coupe d'un édifice, et qui montre l'intérieur des appartements.

Scotie, s. f. Moulure ronde et creuse, entre les tores de la base d'une colonne : elle est aussi appelée nacelle, membre creux et trochile.

Sculpture, s. f. Art de faire des figures et autres ornements qui servent à décorer un bâtiment.

Sec, adj. Terme usité par métaphore, pour signifier ce qui est dessiné dur et de mauvais goût.

Section, s. f. C'est la superficie qui paraît d'un corps coupé ; c'est aussi l'endroit où les lignes et les plans se coupent.

Sellerie, s. f. Lieu où l'on tient les selles et les harnais des chevaux.

Semelle, s. f. Espèce de tirant où sont assemblés les pieds de la ferme d'un comble.

Semelle d'étaie. Pièce de bois couchée à plat, sous le pied d'une étaie.

Séminaire, s. m. Maison de communauté où l'on instruit les personnes destinées à l'église.

Sépulcral, adj. Épithète de tout ce qui a rapport à un sépulcre. Ainsi on dit : chapelle, colonne sépulcrale.

Sépulcre, s. m. Lieu disposé pour la sépulture.

Sérail ou *serrail*, s. m. C'est chez les Lévantins, un palais ou un hôtel, mais particulièrement le palais du grand-seigneur. Ce mot indique aussi le lieu où les Orientaux tiennent leurs femmes.

Serpentin, s. m. Porphyre vert, marbre tacheté vert obscur à filets jaunes serpentant.

Serre, s. f. Salle dans laquelle on serre les arbrisseaux, les fleurs et les fruits qui ne peuvent pas résister au froid.

Serrure, s. f. Sorte de machine de fer qu'on applique à une porte, une armoire, etc., pour la fermer.

Serrurerie, s. f. Tous les ouvrages en fer d'un bâtiment.

Servitude, s. f. C'est un droit sur l'héritage d'autrui.

Seuil, s. m. Partie inférieure d'une porte, et la pierre qui est entre ses tableaux; elle ne diffère du pas qu'en ce qu'elle n'excède pas le nu du mur.

Siége d'aisance, s. m. C'est la devanture et la lunette d'une aisance.

Signage, s. m. Dessin d'un compartiment de vitre.

Simbleau, s. m. Cordeau qui sert à tracer des courbes.

Simétrie ou *symétrie* s. f. Rapport de parité, soit de hauteur, de largeur ou de longueur des parties, pour composer un beau tout.

Singe, s. m. Machine qui sert à enlever des fardeaux.

Singler, v. n. C'est, dans le toisé, contourner, avec le cordeau, le cintre d'une voûte, et toute autre partie qui ne peut être mesurée avec le pied et la toise.

Sistyle. Voy. *Systyle.*

Situation, s. f. Manière dont un bâtiment est placé par rapport aux objets environnants, et la disposition du terrain sur lequel il est assis.

Socle, s. m. Corps carré, plus bas que large qui se met sous les bases des piédestaux, des statues, des vases, etc.

Socle continu, Voy. *Soubassement.*

Sofite ou *Soffite,* s. m. Surface inférieure d'un membre d'architecture, qui se présente horizontalement au-dessus de nos têtes, comme le dessous d'un larmier.

Sol, s. m. Aire du terrain sur lequel on bâtit.

Soles, s. f. pl. On appelle ainsi toutes les pièces de bois posées de plat.

Solide, s. m. Nom commun et à la consistance d'un terrain sur lequel on fonde, et au massif de maçonnerie sans vide.

Solins, s. m. pl. Bouts des entrevoux de solives enduits de plâtre, pour retenir les premières tuiles d'un pignon.

Solive, s. f. Pièce de bois qui sert à former les planchers.

Soliveau, s. m. Moyenne pièce de bois plus courte qu'une solive ordinaire.

Sommellerie, s. f. Lieu près de l'office, où l'on garde le vin de la cave.

Sommet, s. m. C'est la pointe de tout corps, comme d'un triangle, d'une pyramide, d'un fronton.

Sommier, s. m. C'est la première pierre qui pose sur le pied-droit quand on forme un arc, une plate-bande. — Grosse pièce de bois qui porte sur deux pieds-droits de maçonnerie, et sert de linteau à une porte ou à une croisée.

Sonder, v. act. Reconnaître la qualité du fond d'un terrain.

Sonnette, s. f. Machine qui sert à enfoncer des pieux et des pilots.

Soubassement, s. m. Large retraite, ou espèce de piédestal continu, qui sert à porter un édifice. Les architectes le nomment stéréobate, et socle continu quand il n'y a ni socle ni corniche.

Souche de cheminée, s. f. C'est un tuyau de cheminée qui paraît au-dessus du comble.

Souchet, s. m. Pierre du banc le plus bas de la carrière et qui n'est pas encore formé.

Soudure, s. f. Composition métallique qui sert à souder. — Endroit soudé. — Travail de celui qui soude.

Soupape, s. f. Tampon pour fermer un bassin, un réservoir d'eau.

Soupente, s. f. Espèce d'entresol fait de planches portées sur des chevrons ou soliveaux.

Soupirail, s. m. Ouverture en glacis, pour donner de l'air à une cave ou à un cellier.

Souterrain, s. m. Lieu excavé sous terre.

Sphère, s. f. C'est un corps parfaitement rond, qu'on nomme aussi globe et boule.

Sphéroïde, s. m. Corps formé par la révolution d'une ellipse dont la forme le rapproche de celle d'un cercle.

Sphinx, s. m. Monstre imaginaire qui a la tête d'une fille et le corps d'un lion.

Spire. Voy. *Base*.

Stade, s. m. Partie du palestre où les athlètes s'exerçaient à la course à pied.

Statue, s. f. Terme de décoration ; figure humaine de pierre, de marbre ou de métal, qui fait l'ornement d'un palais ou d'une place publique.

Stèles, s. f. pl. Les Grecs nommaient ainsi les pierres carrées dans leur base, qui conservaient une même grosseur dans toute leur longueur, et ils appelaient *style* les pierres qui, étant rondes en leur base, finissaient en pointe vers le haut.

Stéréobate. Voy. *Soubassement*.

Stéréographie, s. f. Art de dessiner les bâtiments selon les règles de la perspective.

Stéréotomie, s. f. Art de la coupe des solides. Voy. *Coupe des pierres et charpentes*.

Striure. Voy. *Cannelures*.

Structure, s. f. Arrangement des matériaux qui forment un édifice.

Stuc, s m. Sorte de mortier dont on fait des enduits qui ont l'apparence du marbre.

Stucateur, s. m. Ouvrier qui travaille au stuc.

Style, s. m. Terme emprunté à la rhétorique, qui signifie la manière dont a été construit un monument d'architecture; ainsi on dit monument d'un style grand, beau, mauvais , etc. On désigne aussi par ce mot la barre d'un cadran solaire.

Stylobate , s. m. Piédestal continué sous un rang de colonnes.

Svelte , adj. Menu et léger.

Support , s. m. Toute pièce de construction qui en porte une autre.

Surbaissé , adj. Se dit d'une voûte, d'un arc dont le cintre est moindre que la moitié d'un cercle.

Surbaissement , s. m. Trait de tout arc surbaissé.

Surhaussement , s. m. C'est le contraire de surbaissement.

Surplomb , s. m. On dit qu'un mur est en surplomb , quand il déverse et qu'il n'est pas aplomb.

Surplomber , v. n. C'est être en surplomb.

Symétrie. Voy. *Simétrie.*

Systyle , s. m. Bâtiment où les colonnes sont espacées de deux diamètres.

T

Tabernacle , s. m. Petit temple que l'on met sur un autel pour y renfermer le ciboire.

Table , s. f. Plan oblong ou carré, en saillie ou en creux sur le nu d'un mur, pour mettre des inscriptions , devises , etc.

Tableau , s. m. Ouvrage de peinture qui sert à décorer l'intérieur des bâtiments.

Tableau de baie. C'est, dans la baie d'une porte ou

d'une fenêtre, la partie de l'épaisseur du mur qui paraît au dehors depuis la feuillure.

Tablette, s. f. Pièce de marbre, de pierre ou de bois, posée à plat pour servir de revêtement ou de support.

Tablier, s. m. Plancher des ponts en charpente.

Tailleur de pierre, s. m. Ouvrier maçon qui équarrit et taille les pierres.

Tailloir. Voy. *Abaque*.

Talon, s. m. Moulure concave par le bas, et convexe par le haut.

Talus, s. m. Inclinaison sensible d'un mur d'un remblai, etc., pour lui donner plus de solidité.

Tambour, s. m. Assise ronde de pierre, dont plusieurs forment le fût d'une colonne.

Tamponner. Voy. *Ruiner*.

Tampons, s. m. pl. Chevilles de bois que l'on met dans des trous percés dans un mur de pierre, pour y faire entrer un clou, etc.

Tannerie, s. f. Bâtiment où on façonne le cuir.

Taquets, s. m. pl. Petits piquets qu'on enfonce à tête perdue dans la terre, afin qu'on ne les arrache pas.

Targette. Voy. *Verrou*.

Tas, s. m. C'est le bâtiment même qu'on élève. On dit retailler une pierre sur le tas, etc.

Tas de charge. Voy. *Encorbellement*.

Tassé, adj. Épithète qu'on donne à un mur qui a pris son tassement.

Tasseau, s. m. Petit morceau de bois pour porter des pannes, des tablettes, etc.

Tassement, s. m. Affaissement d'un bâtiment produit par la pression et la dessiccation des mortiers.

Taudis, s. m. Petit grenier pratiqué dans le fond d'un comble, d'une mansarde; c'est aussi un petit lieu pratiqué sous la rampe d'un escalier, pour servir de bûcher ou pour quelque autre commodité.

Télamones, s. f. pl. Statues d'hommes qui servaient à porter des corniches et à soutenir des consoles.

Témoin, s. m. Petite butte que les terrassiers laissent afin de juger de l'épaisseur des terres pour les toiser.

Temple, s. m. Édifice public consacré à Dieu, ou à ce qu'on révère comme Dieu.

Ténie. Voy. *Bandelette.*

Tenon, s. m. Bout d'une pièce de bois, diminué carrément pour entrer dans une mortaise.

Terme, s. m. Statue humaine dont la partie inférieure se termine en gaîne.

Terrasse, s. f. Ouvrage de terre revêtu d'une forte muraille destiné à la promenade; et, par analogie, on nomme terrasse les combles en plate-forme dont on couronne souvent les bâtiments.

Terrassier, s. m. Ouvrier qui remue et transporte les terres extraites dans la construction d'un bâtiment.

Terrain, s. m. Fonds sur lequel on bâtit.

Terre-plain, s. f. Nom général qu'on donne à toute terre rapportée entre deux murs de maçonnerie.

Tête, s. f. Partie antérieure de toute partie d'architecture; ainsi on dit tête de mur, de voussoir, etc.

Tétrastyle, s. m. Édifice orné de quatre colonnes.

Théâtre, s. m. Édifice public destiné aux représentations scéniques.

Thermes, s. m. pl. Bains publics des anciens.

Tholus, s. m. C'est la clef ou s'assemblent toutes les courbes d'une voûte de charpente.

Tiercer, v. act. C'est réduire au tiers. On dit que le pureau des tuiles ou ardoises d'une couverture sera tiercé, c'est-à-dire, que les deux tiers en seront recouverts.

Tiercerons, s. m. pl. Ce sont, dans les voûtes gothiques, des arcs qui naissent des angles, et qui vont se joindre aux liernes.

Tiercine, s. f. Tuiles taillées en long pour former les battellements.

Tiers-point, s. m. Courbe de l'arc d'une voûte gothique.

Tige, s. f. On appelle ainsi le fût d'une colonne. Voy. *Fût*.

Tige de rinceau. Espèce de branche qui part d'un culot, et porte les feuill ges d'un rinceau d'ornement.

Tigette, s. f. C'est dans le chapiteau corinthien, une espèce de tige d'ou naissent les volutes et les hélices.

Timpan ou *tympan*, s. m. Partie de mur qui reste entre les trois corniches d'un fronton triangulaire, ou les deux extrados de deux arceaux ou voûtes.

Tirant, s. m. Longue pièce de fer ou de bois.

Toise, s. f. Mesure de six pieds.

Toise courante. Toise qui est mesurée suivant sa longueur seulement.

Toise cube solide ou *massive*. Toise qui est mesurée en longueur, largeur et profondeur, ou hauteur.

Toise carrée ou *superficielle*. Toise qui est multipliée par elle-même.

Toisé, s. m. Dénombrement par écrit des toises de chaque sorte d'ouvrage qui entrent dans la construction d'un bâtiment.

Toiser, v. act. C'est mesurer un ouvrage avec la toise pour en prendre les dimensions, ou pour en faire l'estimation.

Toit. Voy. *Comble*.

Tôle, s. f. Fer débité en feuilles.

Tombe, s. f. Pierre dont on couvre une sépulture.

Tombeau, s. m. Partie principale d'un monument funéraire, où repose le cadavre. — Se dit aussi du monument élevé sur la sépulture.

Tondin. Voy. *Tore.*

Torchère, s. f. Grand guéridon triangulaire qui soutient un plateau pour porter de la lumière.

Torchis, s. m. Mortier fait de terre grasse détrempée et mêlée avec de la paille.

Tore, s. m. Grosse moulure ronde, servant aux bases des colonnes.

Torse, adj. Épithète qu'on donne à une colonne dont le fût est en spirale.

Torser, v. act. C'est contourner le fût d'une colonne en spirale ou vis, pour la rendre torse.

Tortillis, s. m. Espèce de vermoulure faite à l'outil sur un bossage rustique.

Toscan, adj. Le premier des ordres d'architecture.

Tour, s. f. Bâtiment fort élevé, de figure ronde, carrée ou à pans.

Tour ronde. Les ouvriers appellent ainsi le dehors d'un mur circulaire, et le dedans, tour creuse.

Tourelle, s. f. Petite tour portée par encorbellement.

Tourillon, s. m. Cheville ou boulon de fer qui sert d'essieu, et sur lequel tourne une porte ou un vantail.

Tourner, v. act. C'est exposer et disposer un bâtiment avec avantage.

Tourner au tour. C'est donner sur le tour la dernière forme à un corps quelconque.

Tourniquet, s. m. Espèce de moulinet à quatre bras, placé dans une ruelle, pour empêcher les chevaux d'y passer.

Trabéation. Voy. Entablement.

Tracer, v. act. Tirer les premières lignes d'un plan sur le papier ou sur le terrain.

Traîner en plâtre, v. act. C'est faire une corniche avec le calibre qu'on traîne sur des règles arrêtées.

Trait, s. m. Coupe, taille des pierres.

Tranchée, s. f. Ouverture en terre pour fonder un édifice.

Tranchée de mur. Ouverture dans un mur pour y recevoir une solive, un poteau, etc.

Tranchis, s. m. Rang d'ardoises ou de tuiles, qui sont en recouvrement sur d'autres entières, dans l'angle rentrant d'une noue.

Trappe, s. f. Fermeture de bois qui couvre une descente, un trou.

Travailler, v. n. Se dit d'un bois ou d'un mur qui se déjette; il devient actif lorsqu'il signifie façonner ou mettre en œuvre des matériaux quelconques.

Travaison, s. m. Terme dont M. Blondel s'est servi pour *trabéation* ou *entablement*.

Travée, s. f. Rang de solives posées entre deux poutres, dans un plancher.

Traverse, s. f. Pièce de bois qui s'assemble avec les battants d'une porte.

Traversines, s. f. pl. Espèce de solives qu'on entaille dans les pilots.

Travons, s. m. pl. Ce sont, dans un pont de bois, les maîtresses pièces qui en traversent la largeur.

Tréfles, s. f. C'est un ornement imité de la feuille de trèfle.

Treillage, s. m. Ouvrages faits d'échalas pour la décoration des jardins.

Treille, s. f. Berceau couvert de ceps de vigne.

Treillis, s. m. Châssis fait de menues barres de fer ou de bois.

Trémeau. Voy. *Trumeau.*

Trémion, s. m. Barre de fer qui sert à soutenir la hotte ou la trémie d'une cheminée.

Trésor, s. m. Lieu où sont renfermées des choses précieuses.

Trianon, s. m. C'est, dans un parc, un pavillon éloigné d'un château.

Tribunal, s. m. C'est, dans une salle pour rendre la justice, les siéges avec les bancs où sont assis les juges.

Tribune, s. f. C'est, dans une salle d'assemblée, l'estrade où se place l'orateur. — On appelle ainsi les galeries élevées dans les églises pour chanter la musique, ou entendre l'office.

Triglyphe, s. m. Espéce de bossage particulier à la frise dorique.

Tringle, s. f. Espéce de règle longue qui sert à divers usages dans la menuiserie.

Tringler, v. act. C'est, sur une pièce de bois, marquer une ligne droite avec le cordeau.

Triperie, s. f. Bâtiment compris dans une boucherie ou un abattoir, et où l'on prépare les tripes des animaux.

Trochile. Voy. *Scotie.*

Trompe, s. f. Espèce de voûte en saillie, qui semble se soutenir en l'air.

Trompillon, s. m. Petite trompe qui a peu de plan et de portée.

Tronc, s. m. C'est le fût d'une colonne et le dez d'un piédestal.

Tronche, s. f. Grosse et courte pièce de bois, dont on peut tirer une courbe rampante, pour un escalier.

Tronçon, s. m. Morceau de marbre ou de pierre dure, dont deux, trois ou quatre forment le fût d'une colonne.

Trône, s. m. C'est un siége royal.

Tronquer, v. act. Retrancher, couper une partie de quelque chose ; ainsi on appelle colonne tronquée, une partie du fût sur sa base.

Trophée, s. m. Groupes d'ornements, d'attributs appendus à un mur, à une colonne.

Trou, s. m. Nom général qu'on donne à toute cavité.

Trottoir, s. m. Chemin en banquette à l'usage des piétons.

Truelle, s. f. Outil de maçon qui sert à prendre et à mettre en œuvre le mortier.

Trullization, s. f. Vitruve appelle ainsi toutes sortes de mortier travaillé avec la truelle.

Trumeau, s. m. Partie de mur de face entre deux ouvertures.

Tuf ou *tuffeau*, s. m. C'est un terrain qui fait masse solide, et sur lequel on peut fonder. On en tire une pierre tendre.

Tuile, s. f. Ouvrage de terre cuite dont on couvre les bâtiments.

Tuile faîtière. Tuile creuse dont on se sert pour couvrir le faîte d'un comble.

Tuileaux, s. m. pl. Morceaux de tuiles cassées.

Tuilerie, s. f. Grand bâtiment où l'on fait la tuile.

Turbine, s. f. Tribune près de l'orgue, dans une église.

Turcie, s. f. Espèce de digue ou de levée en forme de quai, pour résister aux inondations. Voy. *Digue* et *Quai*.

Tuyau, s. m. C'est un corps long et creux qui sert pour conduire l'eau.

Tuyau de cheminée. C'est le conduit par où passe la fumée.

Tympan. Voy. *Timpan*.

U

Urne, s. f. Vase de formes diverses qui sert à la décoration.

Usine, s. f. Ensemble des bâtiments, ateliers et machines qui constituent un établissement manufacturier.

V

Vaisseau, s. m. Intérieur d'un bâtiment, se dit plus particulièrement d'une église.

Vannes, s. f. pl. Portes mobiles pour retenir ou lâcher les eaux d'un bassin, d'un canal.

Vantail, s. m. Battant ou moitié de la fermeture d'une porte.

Vase, s. f. Terrain marécageux et sans consistance.

Vase, s. m. Corps du chapiteau corinthien, et du chapiteau composite.

Vase à la Médicis, s. m C'est un vaisseau ou espèce de coupe de forme élégante dont on décore les jardins et terrasses, etc.

Vasque s. f. De l'italien *vasca*. Vase ou bassin pour retenir les eaux d'une fontaine.

Veau, s. m. Morceau de bois qu'on ôte avec la scie, du dedans d'une courbe.

Veine, s. f. C'est une beauté, quelquefois un défaut dans la pierre, le marbre ou le bois.

Véla, s. f. Décoration pour le plafond des salles de spectacle, qui imite une toile étendue horizontalement.

Ventilateur, s. m. Appareil au moyen duquel on renouvelle l'air d'un intérieur.

Ventiler, v. act. pratiquer des ventilateurs.

Ventouse, s. f. Petite ouverture pour donner passage à l'air.

Ventre, s. m. Bombement d'un mur qui boucle et qui est hors de son aplomb.

Ventrières, s. f. pl. Pièces de bois qui portent sur les pilots des fondements et qui servent comme de coulisses aux palplanches.

Verboquet, s. m. Cordeau que l'on attache à l'un des bouts d'une pièce de bois, ou d'une colonne, pour empêcher qu'elle ne touche à quelque saillie, quand on la monte. On dit aussi *virebouquet.*

Verd ou *Vert,* s. m. Couleur qui s'obtient par le mélange du jaune et du bleu.

Verger, s. m. Jardin planté d'arbres fruitiers.

Vermiculé, adj. Ouvrage sculpté, comme si les vers l'avaient rongé, et qui a quelque rapport avec le moiré des étoffes.

Verre, s. m. Matière transparente dont on garnit les vitraux et les croisées.

Verrerie, s. f. Bâtiment où on fait les ouvrages de verre.

Verrou ou *Verrouil,* s. m. Pièce de serrurerie qu'on fait mouvoir dans des crampons, pour fermer une porte.

Verticale, adj. Plan ou ligne perpendiculaire au plan horizontale; le fil aplomb donne la position de la ligne verticale.

Vertugadin, s. m. Glacis de gazon en amphithéâtre.

Vestibule, s. m. Lieu couvert, commun à divers appartements d'une maison.

Vestige, s. m. Reste des fondations ou de quelques fragments d'un ancien édifice.

Vidange, s. f. C'est le transport des décombres ou ordures d'un lieu en un autre.

Vide, s. m. Se dit par opposition à plein.

Vif, indéclinable. Partie de la pierre qui est sous le bouzin.

Vindas, s. m. Machine qui sert à traîner les fardeaux d'un lieu à un autre.

Vintaines. Voy. *Câbles*.

Vis, s. f. On ajoute de *colonne*. C'est le contour d'une colonne torse, c'est aussi le contour d'une colonne creuse.

Vis, s. f. Terme de serrurerie, cylindre environné d'une cannelure qui est tournée dans un écrou.

Vitrage, s. m. Nom général de toutes les vitres d'un bâtiment.

Vitrail, s. m. Grande fenêtre d'une église ou d'une basilique.

Vitrerie, s. f. Voy. *Verre et Vitres*.

Vitres, s. f. pl. Panneaux de pièces de verre.

Vivier, s. m. ou *Piscine*, s. f. Grand bassin d'eau dans lequel on met du poisson.

Volet, s. m. Petit lieu dans la maison d'un particulier où il nourrit des pigeons.

Volets ou *Guichets*, s. m. pl. Fermeture de bois sur les châssis, par dedans les fenêtres.

Volière, s. f. Lieu où l'on tient différents oiseaux.

Volute, s. f. Enroulement en ligne spirale, qui fait le principal ornement des chapiteaux ionique, corinthien et composite.

Vomitoire, s. m. Issues par lesquelles s'écoulait la foule dans les théâtres antiques.

Voussoir, s. m. Pierres qui forment une voûte ou une arcade.

Voussure, s. f. Portion de voûte depuis sa naissance jusqu'à un point quelconque.

Voûte, s. f. Corps de maçonnerie en arc, dont les pierres se soutiennent les unes les autres.

Voûter, v. act. C'est construire une voûte.

Voyer, s. m. Officier chargé de veiller à ce que les rues et les voies publiques soient sûres et commodes.

Vrilles. Voy. *Hélices.*

Vue, s. f. Signifie toutes sortes d'ouvertures par lesquelles on reçoit le jour.

Vue, s. f. C'est l'aspect d'un bâtiment : vue de front, vue de côté, vue d'angle.

Vue d'oiseau, c'est la représentation d'un plan supposé vu en l'air.

X

Xiste, s. m. Portique d'une grande longueur, couvert ou découvert, où les athlètes s'exerçaient à la lutte ou à la course.

Y

Yeux de bœuf. Voy. *OEil de bœuf.*

Z

Zig-zag. On caractérise ainsi une allée qui va de biais.
Zocle. Voy. *Socle.*
Zoophore. Voy. *Frise.*

FIN.

PARIS. — IMPRIMERIE DE FAIN ET THUNOT,
IMPRIMEURS DE L'UNIVERSITÉ ROYALE DE FRANCE,
Rue Racine, 28, près de l'Odéon.

PARIS

TYPOGRAPHIE DE HENRI PLON

IMPRIMEUR DE L'EMPEREUR

Rue Garancière, 8.

9 782016 193198